荷花出版
EUGENEGROUP

52名醫生聯手
破解 小兒疾病

兒科內科外科眼科
皮膚科骨科牙科普通科
家庭醫學耳鼻喉科

荷花出版

52名醫生聯手破解
小兒疾病

出版人：尤金

編務總監：林澄江

設計：鄧積壽

出版發行：荷花出版有限公司

電話：2811 4522

排版製作：荷花集團製作部

印刷：新世紀印刷實業有限公司

版次：2023年12月初版

定價：HK$99

國際書號：ISBN_978-988-8506-89-7

© 2023 EUGENE INTERNATIONAL LTD.

荷花出版
EUGENE GROUP

香港鰂魚涌華蘭路20號華蘭中心1902-04室
電話：2811 4522 圖文傳真：2565 0258
網址：www.eugenegroup.com.hk
電子郵件：admin@eugenegroup.com.hk

「健康」── 一歲的生日願望

　　由 BB 出世到一歲，人生第一次生日，父母總會特別隆重慶祝，買個蛋糕慶祝是必然動作了。縱使此刻 BB 未懂得起個甚麼生日願望，但父母代他起的願望，十居其九一定是「健健康康」。

　　對，第一年一歲的生日願望，「健健康康」一定是父母心中所願，隨着 BB 日漸成長，到了三歲入幼稚園、六歲升小學，父母的生日願望也會改變，譬如「聰明伶俐」。對父母來說，孩子讀書了，需要有好成績，因為讀書讀得好才會出人頭地，將來找份好工作，生活就過得好了！所以，父母「聰明伶俐」的生日願望，背後代表了對孩子將來出人頭地的期盼。至於「健健康康」，父母不會承認不重要，只是排位次序下降一點而已！

　　因此，孩子一旦入學讀書後，就是他們「惡夢」的開始，趕功課、趕補習、趕上興趣班……一天由朝至晚的學習都排得密密麻麻，小朋友的辛苦程度，直迫他們的雙職父母！彷彿父母要孩子贏在起跑線、要孩子出人頭地的「聰明伶俐」願望，才是人生最重要的目標！

　　如果要怪，也只好怪現今充滿競爭、金錢至上的社會，令一般父母相信，孩子若不出人頭地，將來在社會難以立足，因此孩子越大，「聰明伶俐」的願望就越重要了！不過，直至有一天，如果孩子失去了健康，患了慢性病、危疾，甚至重病，身體日漸衰弱，此刻，父母也頓然醒悟，原來當初追求孩子甚麼「聰明伶俐」、贏在起跑線、出人頭地之類的目標，都是無意義的！原來最重要的，還是一歲生日時那個最原始的願望──「健健康康」！

　　的確，健康是一生最重要的東西，如果沒有健康，一切甚麼的所謂成就、金錢、學業都變得渺小！我們追求健康，所以出版了本書。這是一本有關孩子健康的專書，我們知道孩子一旦患病，父母痛在心靡，但又不知如何是好，因此，本書便提供一點醫學常識給父母，讓父母好好裝備，就算他日孩子遇上病患，也不致於手足無措。本書共分十種小兒科，包括兒科、眼科、耳鼻喉科、皮膚科、骨科、內科、外科、普通科、家庭醫學及牙科，由 52 名各科醫生提供資料，肯定是坊間一本絕佳的小兒醫學普及讀物，想孩子健健康康的父母，本書一定要放在你的書架上。

目錄

Aptamil 白金版
剖腹產寶寶專屬

這一劃
劃分不同

📞 (852) 3509 2008 🌐 apta.com.hk 📶 Aptamil4 HK

兒童需要均衡營養以確保健康成長及發展。兒童成長奶粉可作為
均衡飲食的一部分，建議每日飲用兩杯。

牛欄牌榮獲

全港No.1
性價比配方奶粉^

全港
No.1
益生元含量#

100% 新西蘭奶源
NEW ZEALAND

健康腸道 開心寶寶

Part 1

嬰幼兒一旦有病，父母最為心痛，
但有關兒科疾病，有各式各樣，
父母真是手足無措。本章揀了二十種，
逐一講解，讓父母了解更多。

哮吼症
秋冬感染高

　　哮吼症是兒童常見的上呼吸道疾病，源於呼吸道受感染引致發炎，會導致咽喉、氣管腫脹，尤其影響 5 歲或以下幼童。由於哮吼症和急性會厭炎都會出現喘鳴等相似的病徵，因此有機會混淆。但急性會厭炎的病情有機會突然急速惡化，兼且有即時致命風險，因此家長要加倍留神。

多為感染過濾性病毒所致

哮吼症通常是因為病童感染過濾性病毒而導致，常見病毒包括在秋、冬季節特別活躍的副流感一、二型病毒、A、B型流感、呼吸道合胞病毒和腺病毒等，通常經飛沫傳播，因此幼童在秋、冬季節感染的風險相對較大。此外，亦有小部份的哮吼症個案是源於細菌感染引致，例如金黃葡萄球菌、肺炎鏈球菌或流感嗜血桿菌等。

最常見病徵：類犬吠聲的咳嗽

哮吼症主要病徵包括：最常見為類似犬吠聲的咳嗽（barking cough）、聲音沙啞（hoarse voice）、吸氣性喘鳴（stridor），即吸氣時發出尖銳、高聲調的聲音，以及呼吸窘迫（respiratory distress）的症狀。

值得留意的是，以下情況也會引起上述與哮吼症類似的病徵：異物阻塞氣管、外來物壓著氣管、急性會厭炎、過敏導致氣管收窄，影響咽喉、氣管、支氣管，導致腫脹情況。

易與急性會厭炎混淆

最常見與哮吼症易混淆的是急性會厭炎，因兩者徵狀相似，都會出現喘鳴，但急性會厭炎的病況有機會急轉直下，危及生命。

兩者間在病徵上有所區別：如患急性會厭炎，常出現發高燒、喉嚨腫脹至口水都無法吞嚥，導致有流唾液徵狀；而哮吼症患者的咳嗽比較頻密，一般不會出現流口水情況。

李醫生提醒，初期出現相似病徵時，可能會認為是過濾性病毒所引致的哮吼症，可自然康復；但若果出現更多徵狀，例如不退燒、無法進食就要留意。急性會厭炎的危險性在於病情有機會突然迅速惡化，如咽喉腫脹得太嚴重，在急救時會無法插喉，導致窒息而有機會致命。

確診

醫生一般會利用「Westley 嚴重程度評分」，通過包括意識水準、皮膚發紺、喘鳴、吸氣程度和胸壁凹陷程度五大類，協助評估患者情況。臨床檢查會留意是否有聲音沙啞、呼吸及咳嗽時有類似犬吠聲及喘鳴等情況，協助初步診斷；有需要會安排 X 光檢查，或亦會進行抽血檢查。

照料病童時，家長可以讓孩子多喝水。

治療方法

若患者病徵輕微，一般一星期內會自然康復。

若病童的病情較嚴重，其血含氧量低於 92%，便需入院治療及監察，接受氧氣供給；若患者氣管收窄程度較嚴重，醫生有機會處方類固醇藥物，減低氣管腫脹，使其呼吸回復順暢。若涉及細菌感染情況，便需配合抗生素治療。

家長亦應安撫患病的小朋友，紓緩其情緒，因為情緒激動容易令喘鳴及咽喉腫脹問題惡化。仰臥會加劇呼吸問題，建議家長以直抱姿勢抱着孩子。

情況嚴重會造成呼吸窘迫

哮吼症的初期病徵與一般感冒相似，如咳嗽、流鼻水、發燒等，數天後開始在呼吸和咳嗽時出現類似犬吠聲、聲音沙啞及有喘鳴。情況嚴重會造成呼吸窘迫的問題。若出現呼吸困難或皮膚發紫、心跳急促、因無法呼吸而情緒激動等情況，應盡快求醫。

蠶豆症
終生不能斷尾

　　在南中國一帶，蠶豆症是常見的疾病，大約每 100 個男孩子就有 4 至 5 個會患上此症。至於女孩子則每 1,000 個當中大約有 3 至 5 個患上蠶豆症。當中原因何在？一旦患上蠶豆症，是否不能吃蠶豆？還有哪些物品和食物要避開？且聽兒科專科醫生溫希蓮一一解釋。

病徵及成因

G6PD 缺乏症又稱為蠶豆症，蠶豆乃其中一種不宜進食的食物，患者應避免進食。蠶豆症患者如非受到氧化物的刺激，例如受到感染、服用了一些不應服用的藥物，又或者進食了蠶豆，大部份的 G6PD 患者是沒有任何徵狀的。但當大量的紅血球被破壞以及分解，令過多的膽紅素積聚以及超出患者肝臟負荷時，就會出現嚴重黃疸甚至急性溶血的現象。當患者體內的紅血球爆開，就有可能出現以下病徵：急性貧血、 頭暈、 心跳、 臉色蒼白、不夠氣、氣、胸口疼痛、小便呈茶色。

治療及預防

蠶豆症屬遺傳病，沒有根治的方法，也即表示患者將終生患有此症，不能斷尾。溫醫生指出，治療蠶豆症，主要按照患者會出現的併發症去處理。「只要病人沒有病發；沒有接觸引致併發症出現的物質和物品，基本上是不需要治理的。但如果病人真的接觸了那些物品，並且出現病徵，醫生就會按照不同的病徵作出治理。例如病人出現嚴重貧血的話會給他們輸血等。」蠶豆症乃基因出現問題所致，故此病並沒有預防的方法，但卻可以預防併發症的出現。

G6PD 缺乏症

蠶豆症即 G6PD 缺乏症，是一種遺傳病。G6PD 即葡萄糖六磷酸去氫酵素，這是其中一種保護紅血球的正常酵素，作用是使紅血球不易受到破壞。溫醫生指出，G6PD 缺乏症患者的健康在一般情況下與正常人並沒有分別，只是，當他們受到嚴重感染又或者氧化物（例如某些藥物或化學物質）的刺激時，大量紅血球便會受到破壞，造成急性溶血現象。溫醫生解釋蠶豆症的成因，主要是人體內的基因出問題所致。「蠶豆症的基因存在於人的染色體內，此乃 XY 性別染色體，其中女孩子擁有兩個 X，而男孩子則分別擁有一個 X 和一個 Y 染色體。由於男的只有一個 X 染色體，如果他的染色體有蠶豆症的基因存在，那麼此病就會引發出來。至於女孩子，除非她的兩個 X 染色體都有這個基因存在，否則不會患上蠶豆症。」

蠶豆及臭丸等要避免進食及接觸。

避免接觸某些物品

　　在香港，自 1984 年開始，衞生署免費為所有於公立醫院出生的嬰兒提供臍帶血篩查，主要針對先天性甲狀腺功能不足及 G6PD 缺乏症兩種常見疾病。因此，1984 年後出生的小朋友基本上都會及早知道自己是否患有蠶豆症，因而可及早作準備。溫醫生指出，只要由細開始避開不可接觸的東西即可。家長應避免讓小朋友進食及接觸令他們產生溶血的物品。當小朋友再大一點，可以自主外出時，家長也要不時提點小朋友自行避免進食及接觸這些食物和物品，例如珍珠末、金銀花、黃連等中藥，以及某些西藥。另外，蠶豆及臭丸等也要避免進食及接觸。

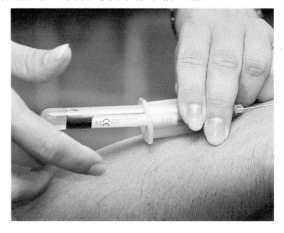

專家顧問：兒科專科醫生潘錦霞

兒童高血壓
多屬繼發性

近年兒童高血壓的個案有上升趨勢，發病率增加與不良生活習慣如缺乏運動、高鹽高脂的飲食習慣及肥胖都有關係。尤其家長下廚時，讓小朋友享受美食，不少小朋友體重有所增加，增加了十公斤的情況也不少。

當頭痛、抽筋徵狀出現時已為後期，情況嚴重。

徵狀明顯時已屬後期

　　兒童的高血壓平時未必有明顯徵狀，易被忽視。但當頭痛、嘔吐、視力模糊等徵狀出現時，已是較為後期，情況嚴重。高血壓問題如一直沒有發現及控制會影響腎和心臟，提早出現心臟血管硬化和心臟病，亦有機會出現心臟衰竭、腎衰竭的情況。

壓脈帶大小要適中

　　兒童高血壓大部份是進行常規身體檢查或檢查其他疾病時發現，及早診斷是最有效的治療方式之一。一般通過藥物治療兒童高血壓，並找出潛在原因以矯正徵狀。

　　潘醫生提醒，測量血壓時壓脈帶的尺寸要合適，十個月和十歲的小朋友所使用的壓脈帶的尺寸也不同，適當大小應能覆蓋上臂或小腿的三分之二。壓脈帶的尺寸會影響血壓測量的數值，太小的壓脈帶易量出較高的血壓值，太大帶則容易量出偏低的血壓。

　　測量血壓方面，可以留意：

❶ 三歲開始每年定期測量血壓。

❷ 使用尺寸合適的壓脈帶測量血壓。

❸ 小朋友的活動或情緒波動都會影響測量，建議休息 10 至 20 分鐘後再測量血壓。

減少攝入高鹽、高脂食物，補充優質脂肪如橄欖油。

預防兒童高血壓

❶ 餵哺母乳有助孩子血壓健康，預防高血壓。

❷ 避免吸入二手煙。吸煙令血管不健康，易致血壓高，而小朋友吸入二手煙情況就更差。二手煙經人體新陳代謝排出，所含致癌物質高於煙本身的致癌物質，正如汽車引擎所排出的廢氣比石油本身危害更大。受父母吸煙影響的小朋友相當於比父母更早吸煙，在胎中已開始吸入二手煙，更可能出現高血壓的情況。

❸ 日常生活中，養成良好的飲食、睡眠和運動習慣。飲食上，可減少進食高鹽、高脂的食物。但同時也要留意，少吃並非完全不吃，小朋友需要均衡營養，適當的鹽分及優質脂肪如三文魚、橄欖油對小朋友生長有益。

多為繼發性高血壓

兒童的正常血壓值與成人不同，隨年齡增長有相應變化。剛出生時血壓正常值最低，之後慢慢上升，步入青少年期逐漸趨近成人數值。

高血壓可分為原發性和繼發性。原發性高血壓，屬先天遺傳及有家族史的，而繼發性高血壓則常與腎病及心臟病有關。兒童高血壓多為繼發性高血壓，引起繼發性高血壓的原因中，一半以上由腎病引起，約20% 為血管問題，其他則為內分泌以及腫瘤問題。5 歲以下就患高血壓情況較嚴重，多與血管疾病有關，其中以先天性主動脈弓狹窄為主。年紀大些開始較多因腎病以及內分泌問題導致高血壓，青少年高血壓則多與肥胖有關。

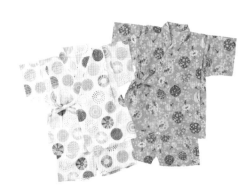

門市地址：

軍澳坑口店：將軍澳常寧路厚德邨TKO Gateway東
一樓E163號舖

灣愉景新城店：荃灣青山公路荃灣段398號愉景新城2樓
039-40號舖

角東店：香港九龍旺角東站MKK14號舖

色專櫃（馬鞍山）：馬鞍山鞍祿街18號新港城中心三樓千
店嬰兒部

色（荃灣）：香港新界荃灣地段301號荃灣千色匯II 1樓
色店嬰兒部

千色CITISTORE　將軍澳　‖　元朗

專家顧問：兒科專科醫生陳達

兒童糖尿病
飢渴尿頻先兆

　　糖尿病是現今常見的都市病，但對於兒童常感到口渴、進食多餐仍感到肚餓，父母看在眼裏，或以為是健康發育的正常現象，殊不知可能是糖尿病前期病徵。以下由兒科專科醫生為家長詳細講解兒童糖尿病的成因、病徵和治療方法。

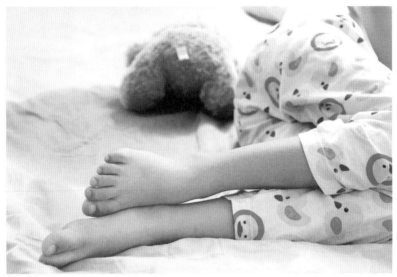

如果兒童有不尋常的尿床、尿頻等問題，應盡早帶同子女求醫。

兒童糖尿病病徵

　　一型糖尿病是由於體內缺乏胰島素，故需要仰賴胰島素治療，又因多發生在兒童與青少年身上，所以也常有人以「兒童糖尿病」稱之。陳醫生表示糖尿病一般起病比較隱匿，發病快速，而其病徵也會較為明顯，只有非常細心的父母才能早期發現，病徵包括以下幾點：

- 小便頻密及尿量增多；
- 常常感到舌乾口渴；
- 口臭；
- 體重快速地下降；
- 經常感到疲倦和虛弱。

糖尿病如何控制？

　　陳醫生表示，兒童糖尿病患者日常需採用一種特別的飲食方法來控制血糖，還需要一個血糖儀來檢測血糖值，以保持觀察血糖是否有出現過低或過高。而且患者需根據醫生的指示，每天必須注射數次胰島素來控制血糖。另外，也需要定期進行骨骼和眼部檢查，來防止產生併發症出現，因為併發症後果嚴重，會影響孩子身體各方面發育。

兒童糖尿病患者必須每天用血糖儀來檢測血糖值，並注射胰島素來控制血糖。

運動幫助改善血糖

由於一型糖尿病是與飲食及生活習慣無關，任何人也有機會患上。但陳醫生提醒不良的飲食習慣有可能造成癡肥，肥胖會增加患上二型糖尿病的風險，因此如孩子不幸患上糖尿病，家長需加緊留意孩子的日常生活飲食習慣，預防二型糖尿病。同時，陳醫生建議適量運動是控制糖尿病其中一種妙法，而孩子可慢慢從帶氧運動開始。此外，恆常運動還可以控制體重，改善心肺，降低患上慢性疾病的風險。

糖尿病是甚麼？

糖尿病是一種內分泌疾病，陳達醫生表示糖尿病是由於患者胰島素分泌不足，或身體未能有效地運用胰島素，因而影響血糖的調節，令血糖過高。當血糖超過腎臟負荷時，血液中的糖份便會經由尿液排出，故稱為糖尿病。糖尿病主要分 2 種，分別是一型糖尿病及二型糖尿病，而兒童多患的種類為一型糖尿病，其成因可能是由遺傳、環境因素或患病所導致。至於二型糖尿病於兒童當中相對較為少見。這病發病是因為人體內細胞對胰島素出現抗阻性，也會導致血糖無法被細胞吸收使用，血液積聚過多血糖，會導致血糖過高，主要成因與遺傳、不良飲食習慣、肥胖及缺乏運動因素有關。

專家顧問：兒科專科醫生沈澤安

新生兒肺炎
早產寶寶風險高

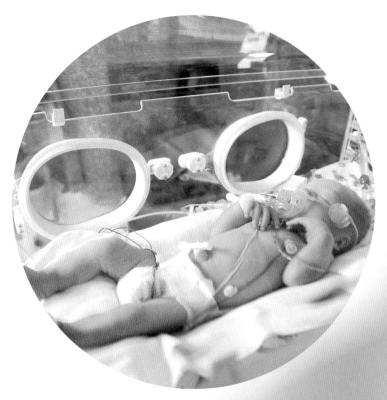

　　大家可能接觸不少有關肺炎的資訊，您又是否知道原來初生寶寶患上的肺炎也有一個特定醫學名稱？就是「新生兒肺炎」，而患者大多是早產寶寶。現由兒科專科醫生講解新生兒肺炎的病徵、病因，以及預防、治療及紓緩方法，讓大家對這個病症了解更多。

出生後 1 個月內出現

港怡醫院兒科專科醫生沈澤安表示，新生兒肺炎是指寶寶從出生到 28 天大這段時間內所出現的肺炎。患新生兒肺炎的寶寶可能會出現發燒、呼吸困難、食慾不振、咳嗽、嘔吐等病徵，甚至有可能需要使用呼吸機以供氧氣協助呼吸。

多由細菌引起

新生兒肺炎較多由細菌引起，例如 B 型鏈球菌、大腸桿菌等。如果是早產嬰兒，要留在初生嬰兒深切治療部一段時間，又需要使用呼吸機的話，新生兒肺炎便較有可能是由金黃葡萄球菌、綠膿桿菌等細菌引起。這些細菌若發現於年紀較大的寶寶中，很少會引起肺炎。於 2020 年，有文獻指出 2019 冠狀病毒病可以引起新生兒肺炎。而年紀較大的孩子，肺炎主要是由病毒或肺炎鏈球菌、呼吸道合胞病毒等引起。

早產寶寶高風險

衛生環境變好，吸煙人口減少，以及為孕婦進行 B 型鏈球菌篩查，均能有效減少寶寶患上新生兒肺炎的風險，因此現在較少足月寶寶出現新生兒肺炎。然而，早產或需要長期使用呼吸機的寶寶仍然較容易患上新生兒肺炎。早產寶寶的肺部發育尚未成熟，免疫力較低，較容易受細菌感染，而使用呼吸機時，細菌很可能會經喉管進入肺部，因此增加了出現肺炎的機會。早年曾有文章提及每 200 個初生嬰兒，就有一個得到肺炎，不過現在這個數字應該減少了。

可能引致肺積水

新生兒肺炎造成的短期影響包括呼吸困難，影響寶寶吃奶的情況，亦可能令寶寶需要利用呼吸機協助呼吸。如有需要，醫生會用胃喉餵食寶寶，亦有可能需要安排靜脈注射生理鹽水（俗稱吊鹽水）。至於長期影響和併發症方面，主要視乎寶寶本身的情況，例如是否早產、有沒有先天性免疫系統問題、家中是否有吸煙人士、由哪一種細菌引起肺炎，以及有否及早使用抗生素作治療等因素影響。新生兒肺炎跟普遍肺炎一樣，有可能引起胸腔積膿和肺積水，需要用手術方法引流處理，而嚴重個案可以引致細菌入血甚至死亡。

增高針
正常勿隨便打

　　父母想子女快高長大，所以身高、體重都是兒童健康成長的一個指標。是否孩子長得越高就越好？有家長帶小朋友到診所求醫，希望打針協助孩子長高。雖然生長激素有助長高，但通常用於先天原因或病變缺乏生長激素造成身型較矮小的兒童，而生長正常的人，便不應注射生長激素。

如何界定高矮

要界定兒童高度是否正常，通常是根據兒童生長曲線圖（下圖），假設兒童身高為97%，代表在100個兒童，排前三名。一般若身高處於生長線以內，位於3%到97%之間屬於正常範圍；若處於生長線以外的位置，或者有三至六個月完全沒有長高，家長應帶子女向醫生查詢。

何謂增高針

坊間時常說的增高針，是一個通俗的名字。醫學上是稱為生長荷爾蒙，在人體內是由腦下垂體所分泌，其功能有很多，其中一個是刺激各骨骼的生長。由於部份人士因先天的原因或疾病，如腦下垂體腫瘤等，導致體內缺乏生長荷爾蒙，他們的身形矮小，會出現停止生長的情況。如果證實是荷爾蒙缺乏，醫生會為患者在注射生長激素作補充；也有部份極矮小的兒童（身高低於2.5 SD(標準偏差))，又找不到病因，醫生也會考慮為部份患者注射。

醫生為患者注射生長激素前，會先為孩童進行詳細檢查及評估，與父母詳講解治療的目的，以及可以出現的併發症，大家完全明白後再作出決定。

針前檢測有必要

血液中生長荷爾蒙水平的評估方法：

由於我們體內的荷爾蒙水平在正常的情況下也會出現高低不定的情況，開始治療前醫生會安排病人入醫院作詳細的抽血檢查。檢查期間醫生會注射藥物，還要進行最少7、8次的抽取血液樣本，以準確評估血液裏生長荷爾蒙的水平是否不正常。

注射生長激素並非「一針解決」，需要每天在家中注射，通常需要持續注射兩至三年。

醫生建議

由於注射生長激素後有機會出現副作用，患者若不是先天或患病原因，而導致長得矮小，只是想藉打針以增高，父母要替孩子考慮清楚，或注射前先諮詢醫生意見。

兒童便秘

為何會發生？

便秘是常見的腸道問題，不少大人和小朋友都深受困擾。香港有 12% 小學生曾受該問題困擾，尤其是升至小五小六後，當學業負擔增加，運動時間減少，便秘問題更常發生。想知如何幫助小朋友預防便秘，以下由兒科專科醫生詳細分析。

食用蔬菜水果份量不足，可能會便秘。

小朋友是否便秘？

洪之韻醫生表示，家長需要先了解小朋友的排便次數，未滿月的嬰兒至少每日排便一次，滿月後兩日一次排便屬正常。大便形狀和質地也是值得留意的，如大便太乾、凹凸不平，表示開始有便秘問題。便秘情況嚴重時，大便會如石頭一樣，一粒一粒，甚至反覆出現粒狀與稀爛狀兩種情況。

便秘可導致小腸氣

洪醫生表示，小朋友便秘會產生生理上不適，比如大便體積太大，可能導致小朋友肛門裂開、出血。如大便積聚，無法排出，有機會出現因經常要用力排便而造成腹腔受壓，導致出現小腸氣。另外，便秘對小朋友的情緒和睡眠質量也有影響。

如何預防便秘

遇上便秘問題，雖然醫生會根據情況用果糖、通便藥來幫助緩解情況，但洪醫生認為藥物只是輔助，加上運動、改善飲食才是長遠解決之道。

❶ **食用蔬菜**：通過食用蔬菜可攝取纖維，改善腸道環境，小朋友的排便、情緒都會變好。多食用綠色蔬菜，能夠補充鐵質和纖維，有助排便，同時亦有助小朋友腦部發育。

❷ **食用足夠份量水果**：家長需留意水果的份量，往往容易誤解是將水果個數等同於份數。比如約 3 歲的小朋友，每天應該吃一個中型水果，大概等於大人拳頭般大的橙或蘋果，或等於兩個奇異果。利大便水果包括含水溶性纖維豐富的水果，如鴨嘴梨、啤梨、西梅；另外，連皮一起吃的水果，例如桃駁梨，其表皮亦含有豐富纖維。

❸ **多飲水**：養成良好飲水習慣，如果小朋友每次飲水量較少，可以增加飲水的次數以補充足夠水份。在天氣炎熱的情況下，需多補 100 至 150 毫升的水。

❹ **養成固定排便的習慣**：家長可讓小朋友在飯後半小時到洗手間嘗試排便，在安靜的環境中，坐 10 至 15 分鐘，集中感受腸道是否在蠕動、是否有便意，其間切勿催促小朋友，以免他們精神緊張。

❺ **踏腳小凳子**：成人座廁對小朋友過高，雙腳會懸空，不能發力。可準備一張小凳子來踏腳，以幫助小朋友排便。

疫情期間，曾經有兒童因焦慮、擔心使用公共洗手間而延遲排解便意，甚至有小朋友會忍 8、9 個小時，直至回到家中才去大便。這種情況家長如無法處理，應該及早向醫生求助。

便秘有何成因

第一，良好的日常習慣對健康排便很重要。孩子膳食中的蔬菜、水果不足、飲水量少、缺乏運動等不良日常生活習慣，都可能導致便秘。家庭因素在此亦有影響，因為家庭成員的飲食、活動習慣相似，如父母有便秘情況，小朋友出現便秘的可能性也較高。第二，結構問題包括肛門前置、肛門狹窄等也會影響排便，如飲食、運動等生活習慣都正常，但仍有便秘情況，醫生還會考慮是否其他疾病導致便秘。尤其是過往無便秘而近期出現該情況，要考慮包括甲狀腺素低、巨結腸症等因素，下腹出現腫瘤如畸胎瘤、大腸癌，也可能會出現便秘。

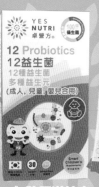
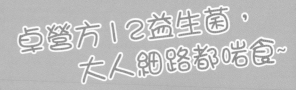

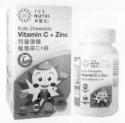

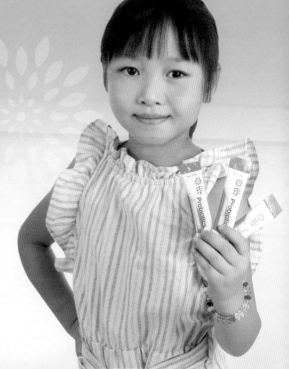

細菌性腦膜炎

3種細菌引致

　　早前，香港確診多宗疑因接觸淡水魚或食用未煮熟淡水魚而出現的侵入性乙型鏈球菌感染個案，當中有市民因而患上腦膜炎，引起關注。香港常見導致細菌性腦膜炎的細菌有3種，只要注重衛生，並按時接種適合的疫苗，便能有效預防這個一年四季可有的疾病。

可能導致燒壞腦

　　腦膜是人體十分重要的組織，是包着腦部和脊髓的一個防禦組織，把腦部和身體其他重要器官分開，所以，腦膜發炎通常伴隨一些嚴重的侵入性細菌，即細菌已進入了血液，然後血液在身體內流通，細菌才會跨越腦膜。基本上，普通傷風感冒，不是那麼容易影響腦膜的。因此，普通發高燒是不會燒壞腦的，只有由腦膜炎引發的高燒才有可能燒壞腦。

病徵可快速轉變

　　在香港引致細菌性腦膜炎的常見細菌有 3 種，分別是肺炎球菌、乙型流感嗜血桿菌，以及腦膜炎雙球菌，當中以第三種最為厲害，引發的腦膜炎又稱流行性腦膜炎。腦膜炎的病徵在小朋友身上可以有快速的變化，由最輕微的感冒病徵如發燒、咳嗽、流鼻水到最嚴重的如持續高燒、頭痛、頸部僵硬、嘔吐和抽搐。另外，也可以有神情呆鈍、胃口差、瞌睡、畏光或皮疹等的徵狀。對於家長而言，需要密切留意小朋友病徵的轉變。

經空氣或接觸傳播

　　上述 3 種細菌通常是通過空氣傳播，即經由患者咳嗽或打噴嚏而產生的飛沫傳播，或直接接觸患者呼吸道分泌物而傳播。潛伏期一般為 1 至 3 天，亦可長達 10 天。腦膜炎是很嚴重和危急的疾病，有一定的死亡率，亦會有嚴重的後遺症，會影響小朋友的腦部發育、聽力和智力，可導致智力發展遲緩，還可能會導致癲癇症等。因此，必須盡早診斷和醫治，患者須盡快接受抗生素治療和醫學監察。

疫苗預防性很高

　　預防方法方面，基本上也是保持良好的個人和環境衛生，經常保持雙手清潔，不要四處觸摸東西，保持均衡飲食、恆常運動、充足休息等以增強身體抵抗力，並按時接種適合的疫苗。現時「香港兒童免疫接種計劃」已包括了肺炎球菌疫苗，即香港兒童可以免費接種。前文提及的乙型流感嗜血桿菌，預防疫苗可在一般診所單獨接種或於混合疫苗如五合一和六合一疫苗一併接種，從而減少小朋友接種疫苗的針數；而腦膜炎雙球菌疫苗則可在特定診所接種，兩者均須自費接種，這 3 種疫苗的預防性皆很高。

小兒斜頸
引致大細面

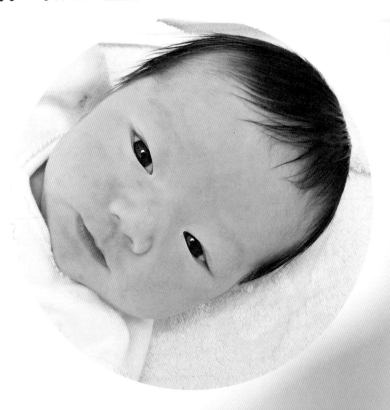

斜頸是指嬰兒的頭部傾向一側，而下巴則斜向另一側。
斜頸一般在幼童早期時發現，應及早接受治療，以免治療不
及時影響頭形及面形，出現「大細面」。

改變嬰兒床的位置，吸引寶寶頭部多轉動。

兒科專科醫生胡振斌表示，家長通常很快可察覺到嬰兒是否有此問題，比如發現寶寶睡覺時總是向同一方向，或通過相片留意到寶寶的頭部總是側向同一邊。即使家長未能及早發現，醫生為寶寶進行身體檢查時也會留意得到。

非結構性問題較常見

斜頸一般可分為非結構性問題及結構性問題，當中非結構性問題較為常見。

非結構性問題，可歸究於嬰兒從胎兒時期至出生後有不同情況。胎兒時期，在母體內頭部習慣側向一邊；生產過程中，不慎拉傷胸鎖乳突肌，肌肉纖維化及縮短，令頭部側向一邊；餵哺時，嬰兒的頭部習慣轉向一側；部份嬰兒有一邊頭部較扁平的情況，睡覺時頭部會常側向一邊。以上問題都有機會令幼兒的頭部長時間側向一邊，是導致幼兒患病的常見原因。

結構性問題相對少見，有機會是視力問題或者頸骨有問題導致斜頸症。視力方面，由於眼球無法隨意轉動，嬰兒側着頸才能看到某一方向。也有機會是由於頸骨有問題，頸部無法轉向某個方向，這是較嚴重的結構性問題，需要特別處理。

如何檢查

第一，醫生會檢查嬰兒頸部的活動是否受到限制，頸部是否只能向一邊旋轉、左右兩邊的活動範圍會否有差別。第二，檢查頸部是否有明顯硬塊或肌肉纖維化的現象。必要時，會通過 X 光以及磁力共振進行檢查，確認是否頸骨、頸椎問題而導致的斜頸症。

不同問題都有機會令寶寶頭部長時間側向一邊,導致患病。

放鬆頸部肌肉 進行伸展

　　治療方法視乎導致斜頸的原因而定。如出生時寶寶頸部的肌肉受傷,肌肉纖維化而縮短,醫生會轉介物理治療師,協助寶寶放鬆頸肌。物理治療師會向家長示範如何幫助寶寶擺動頭部、進行伸展,情況嚴重的話亦會利用儀器如超聲波機,幫助他們放鬆頸部纖維化的肌肉。如果和寶寶扁頭情況有關,導致其睡覺時頭部側向一邊,早期可通過特別枕頭幫助嬰兒的頭部轉向另外一側,較嚴重的扁頭症則有機會需要先通過佩戴矯形頭盔改善頭形。如斜頸問題與嬰兒的睡姿或家長餵哺的姿勢有關,可調整生活環境或者改變餵哺的姿勢,以幫助伸展嬰兒頸部,比如改變嬰兒床的位置,讓孩子轉到正確方向時接收到更多來自外界的刺激,吸引寶寶的頭部多轉動。

早治療 以免影響頭形

　　胡醫生提醒,及早治療非常重要,否則治療的難度和時間都會相對增加,比如斜頸原因為肌肉纖維化的情況,初期一般通過數星期的物理治療已有明顯改善,但如果三、四個月才發現、斜頸的情況比較嚴重,會需要較長時間治療。治療不及時,病情嚴重時有機會影響頭形及面形。嬰兒的頭形及面形都處於發展中,特別是在出生後的數月,如果嬰兒習慣側向一邊睡覺,有機會因為斜頸問題導致扁頭症,影響頭形,情況嚴重的話對面形也會有影響,出現「大細面」。

猩紅熱
可引致併發症

　　根據衛生防護中心公布的數據顯示，2020 年全年總共錄得 262 宗有關猩紅熱病例的通報，其中 1 月及 12 月分別為 158 及 8 宗。兒科專科醫生容立偉表示，猩紅熱是由甲類鏈球菌引致的細菌感染，患者主要是兒童。一旦患上猩紅熱會出現甚麼病徵？應如何作出適當治理？

猩紅熱病發初期會有發燒、喉嚨痛等病徵出現。

　　猩紅熱是傳染病的一種，主要由甲類鏈球菌引致的細菌感染。鏈球菌一般可存活於患者的口腔、咽喉和鼻子內。它的傳播途徑則主要透過飛沫或直接與受感染的呼吸道分泌物接觸而來。潛伏期大約為 1 至 3 天。

治理及預防

　　一般來説，使用抗生素能有效治療猩紅熱。此外，患者可透過服用退燒藥物、多休息以及補充足夠的水份來紓緩不適。

　　預防勝於治療，做好預防工夫為上策。至於如何有效預防猩紅熱，現時並沒有疫苗可預防猩紅熱，大家可以透過以下方法來降低染上此病的機會：

保持良好個人衞生

　　在觸摸口、鼻或眼之前；以及在觸摸扶手或門把等公共設施後；又或當手被呼吸道分泌物污染時，如咳嗽或打噴嚏後，必須注意經常保持雙手清潔。此外，打噴嚏或咳嗽時應用紙巾掩蓋口鼻，把用過的紙巾棄置於有蓋垃圾箱內，然後徹底清潔雙手。同時，避免與他人共用個人物品，例如餐具和毛巾等。

當出現呼吸道感染病徵時

要戴上外科口罩，不應上班或上學，避免到人多擠逼的地方，同時應盡快向醫生求診。一旦患上猩紅熱便應避免回校上學又者或回幼兒中心去，直至退燒以及服用抗生素最少 24 小時後。

當心引致不同併發症

一旦染上猩紅熱，必須作出適當的診治和護理，因為患者有機會因此引致不同的併發症，例如中耳炎、咽喉膿腫、肺炎、腦膜炎、骨或關節毛病，亦有可能對腎臟、肝臟和心臟造成損害，甚至引致較罕見的中毒性休克綜合症。

猩紅熱有何病徵？

爸媽發現孩子出現以下病徵，要當心兒童是否被傳染此病：

病發初期
- 發燒；
- 喉嚨痛；
- 偶有頭痛、嘔吐和腹痛；
- 舌頭表面或會出現草莓般（呈紅色和凹凸）的外觀發病首天或翌日；
- 身軀及頸部會出現砂紙般粗糙的紅疹；
- 其後紅疹會蔓延至四肢，通常在腋窩、肘部和腹股溝處尤其明顯；

一星期內
- 紅疹多在一星期內消退；
- 指尖、腳趾和腹股溝的皮膚會出現脫皮。

川崎症
常見兒童心臟病

大家對於川崎症會否感到陌生？近日一項調查發現，8成受訪家長並不認識川崎症，當中有4成家長表示不認識川崎症的任何一項病徵。川崎症是香港常見的兒童心臟病，患病的確實原因至今仍然未明，醫學界估計或許跟病毒感染有關，因而令到免疫系統產生反應，引致心臟血管發炎。

持續發高燒超過 5 天是川崎症病徵之一。

甚麼是川崎症

　　根據資料顯示，在過去 20 年，本港 5 歲以下的患者個案，由每年 100 多宗持續上升至 200 多宗。容醫生表示，川崎症取名自日本人的姓氏，早於五、六十年代由日本人川崎醫生所發現。川崎症原來是本港常見的兒童心臟病，患者的人數會間歇性突然之間增加，不過，病因至今仍然不明。有醫學界人士估計，川崎症有可能跟病毒感染有關，患者被病毒感染後令免疫系統產生反應，從而引致心臟血管發炎。此外，兒童心臟血管發炎屬於後天性的心臟病，患者一般在 5 歲以下，並且於患病 3 至 4 星期後出現心臟冠心血管的病變。其中男孩較女孩更易患上川崎症。

主要症狀及病徵

　　如果發現小朋友有以下症狀，爸媽就要小心留意了，以下都是川崎症的主要症狀：

- 持續發高燒超過 5 天；
- 全身或四肢出現皮膚疹；
- 結膜充血及發紅；
- 頸部單側或雙側淋巴結腫大；
- 口腔黏膜出現變化；
- 手腳末稍出現浮腫及紅斑。

容醫生指出，如果患者出現以上其中 5 種病徵，則可診斷為川崎病。值得一提的是，川崎症也有非典型性，那就是在以上 6 種病徵當中，如果患者只出現 4 種的病徵。要確診患者是否患上非典型川崎症，醫生一般可透過驗血，包括檢測白血球、血沉澱及發炎指數，以及進行肝功能測試、心電圖或心臟超聲波進行檢查。

治療方法

大家可別看輕川崎症，也別以為這只是心臟血管發炎屬小事，如果不延醫治理，當心血管狹窄會引致冠心病；當血管曲張，更會出現心包積血，影響血液輸送，嚴重的會引致死亡。至於治療方法，一般來說，在患上川崎症後及早發現，並在 10 天內對其進行治療，便可以大大降低病情的嚴重性。

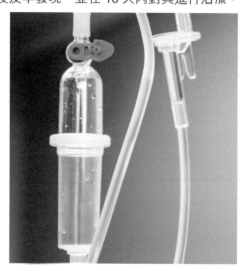

患者通常需住院 2 至 5 天，住院期間要接受丙種球蛋白的靜脈注射，以及服食亞士匹靈。如果患者血管發炎的情況消退的話，那麼，患者只需接受一次靜脈注射便可，有部份患者則可能需要注射 2 至 3 次才會痊癒。在炎症消退後，一般服藥兩個月後便可停藥。

8 成受訪者認知不足

香港小童群益會及香港兒科心臟學會早前進行一項問卷調查，藉以了解一下本港家長對於川崎症的認知有多少。是項調查主要針對幼稚園學童的家長，於去年 11 月 15 至 30 日以自填問卷方式進行，該會從香港小童群益會各區服務的幼稚園及地區服務中心收集到 2,896 份有效問卷。會方早前舉行調查發佈會，調查發現有 8 成受訪家長表示不認識川崎症。另外，有 4 成受訪家長表示並不認識川崎症的任何一項病徵，同時有近 6 成家長不知道川崎症的「黃金治療期」。

專家顧問：兒科專科醫生張傑

手足口病
減中招 5 法

　　深秋是手足口病肆虐的時候，這時家長需要份外留意孩子的身體狀況和個人衛生。但是無論如何預防，總有機會「中招」，病人在未病發前已經具有傳染力，所以很多人或許在不知不覺間便感染了。在香港這個彈丸之地，可以如何降低傳染呢？

在傳染病學的角度而言，最好讓患有手足口病的孩子在醫院的隔離病房中接受照顧，直到病情穩定，以及沒有傳染性才回家。但如果無法親自照顧孩子，家長恐怕會不放心，留院隔離也會影響孩子的睡眠質素。所以，住院只用於情況不穩定或出現嚴重併發症的孩子，其他大部份個案都會回家休養。

降低傳染 5 個重點

在香港的環境，很難在家中提供獨立房間、獨立廁所、專人照顧的安排。那麼，父母可以如何從中找到合適的生活空間呢？兒科專科醫生張傑提議了以下 5 個重點：

❶ 專人照顧

家中找一個成人專門照顧孩子。這個人不去照顧其他人，也不會去處理食物和衣物。同時，這個人的衣服也不會隨便讓其他人觸碰。當然，他也要戴上口罩作預防。

❷ 自成一角

理想的做法是讓孩子在一間房間休息和活動。若不能，最少也有一個獨立玩耍、活動的空間。由於病人的飛沫具高度傳染性，所以限制病人的活動空間有助於定時清潔，而且需要用 1:99 的漂白水清潔。

❸ 清潔廁所

由於病人的糞便含有大量腸病毒，所以廁所的地面、座廁、洗手盆、出水掣等都會沾上大量病毒。當然，如果有獨立廁所是最理想。但是如果沒有的話，就要在每次如廁所後用 1:99 漂白水清潔。而且，在處理孩子的嘔吐物或排泄物時，更加需要戴口罩，以避免接觸空氣中的腸病毒。

❹ 清潔衣服

有機會接觸到腸病毒的衣物包括病人的內衣和外衣，以及照顧者的外衣。除了要分開清洗外，最好加上 1:49 漂白水去浸洗 10 分鐘。這樣可大大減少病毒在家中傳播機會。

❺ 確定真正的康復

這是撤銷隔離令的重要一步。一般要讓醫生檢查清楚沒有新水泡之餘，還要確定所有舊水泡已經乾枯，才說明一般身體接觸沒有問題。醫生會發出證明，好讓孩子重回課室。

專家顧問：兒科專科醫生張傑

疫苗後發燒
需觀察 24 小時

　　對於新手父母而言，除了照顧孩子衣食住行之外，相信疫苗注射也是他們非常關注的項目。原因是孩子接種疫苗，除了一定會哭哭啼啼之外，還有可能出現發燒的情況。雖然人家知道發燒是疫苗注射後一個很常見的反應，但當孩子真的出現發燒時，父母不能夠掉以輕心。

接種疫苗未必一定發燒

　　兒科專科醫生張傑表示，坊間有很多關於疫苗注射反應的傳聞，例如有些人說注射之後，如果有發燒一定是好的反應；相反如果沒有發燒，就可能減低疫苗的成效。有些人更說，疫苗中含有不適合人體的物質，所以身體才會出現一些發燒的反應。張傑醫生認為，大家要知道接種疫苗和發燒之間是有「相關」的，但非「必然」。如果用進食辣的食物去比喻的話，那可以理解為——每個人對辣味的感覺不同，究竟辣味是「好」或者「不好」，真的是見仁見智。

中肯角度看發燒

　　張傑醫生亦指出，有些父母會擔心孩子接種疫苗之後發燒太嚴重的話，即表示他們的身體比較孱弱，或者疫苗毒性比較強。雖然醫生都很明白父母的感受，但是這說法都是不正確，情況就如小孩子見到一隻很小的狗隻，他們很可能會大哭，但是這並不代表這頭狗很兇惡，只是因為孩子未曾接觸過狗隻這類的動物，所以才有如斯的反應，所以，有些人發燒的溫度比較高也是可以理解的。故此，我們用中肯的角度去看疫苗後發生發燒的情況就已經足夠。

接種疫苗半天後發燒

　　張傑醫生表示，一般而言，發燒會在接種疫苗半天後發生，並且一般為時大約 24 小時。所以，如果孩子白天注射，一般在晚上便有機會發燒。世界各地的醫療機構對於這類的疫苗反應，有不同的處理方法：有些國家會建議父母在孩子睡覺前給予一次退燒藥作預防；有些國家卻沒有這樣的建議，情願等孩子真的感覺到不適才給予退燒藥物。大部份出現的情況，發燒的溫度並不會太高，所以孩子就算睡着，也不容易會因為發燒而醒來，故此，醫生一般不建議父母需要半夜不停為孩子量體溫，可以待孩子真的發燒，並感覺到不適而醒來之後，才餵孩子服食退燒藥。

發燒與健康狀態無關

　　當然，有些父母對於發燒的情況份外擔心，情願孩子在發燒時叫醒他們吃藥，這也是個人之常情的做法。張傑醫生認為，可以給予父母一個很大的自由度，讓他們自行去處理接種疫苗之後發燒的反應，原因是這類的情況與身體的健康狀態無關，只要父母感覺到心安理得便可以。

疱疹病毒
一中招難斷尾？

　　輕微如長痱滋，嚴重如口腔潰瘍，這些均是疱疹性口齦炎的病徵之一。大多患者都是因為感染了第一型疱疹病毒所致，但原來一旦感染，病毒就會繼續存活於人體內？今期請來兒科專科醫生講解這種病毒的相關資訊。

第一型疱疹病毒致口齦炎

兒科專科醫生伍永強表示，疱疹病毒分為第一型和第二型，而第一型病毒便是導致疱疹性口齦炎的常見成因。第一型疱疹病毒潛伏於口腔黏膜或神經線內，有時病毒量較多，有時則比較少。患者一旦感染，即使已經康復，這種病毒也會繼續潛伏於人體內，偶爾也會再次復發，日後可能出現病徵，也有機會完全沒徵狀。大多首次感染第一型疱疹病毒的的個案，發生於約6個月至5歲的幼童身上。

初次感染最嚴重

大多病童於首次患上疱疹性口齦炎時，會出現較嚴重的病徵，例如發高燒、口腔潰瘍等。剛病發時，體溫未必會上升得太高，繼而於2至3天後會變得更嚴重。直至感染的後期，則會出現口腔潰瘍、難以吞嚥、牙肉紅腫、流牙血等徵狀。另外，患者的唇邊會長出一些紅疹，這些紅疹會轉變成為水泡，直至水泡破了後便會形成潰傷。患者康復後，他日如處於睡眠不足或壓力大的情況下，抵抗力一般較差，潛伏於體內的病毒會再次病發，但屆時只會出現較輕微的徵狀，例如長痱滋、唇瘡等。

幼兒容易被父母傳染

嬰幼兒感染疱疹病毒，大多也是經由與照顧者的接觸所致。父母都愛親吻孩子，但伍醫生提醒，成年人的口腔如帶有疱疹病毒，即使沒有病徵，也有機會透過親吻將病毒傳染給孩子。

寶寶自6個月大，開始進食固體食物，或會需要由父母餵食。有時候，父母餵孩子吃一口，自己又再吃一口，共用餐具也有機會導致孩子被爸媽傳染。孩子的口腔如有損傷，或是正處於出牙階段，更容易受到感染。家長日常應避免親吻孩子、共用餐具及毛巾，減低因為口水交叉，而令孩子受到疱疹病毒感染。

濕疹患者慎防疱疹病毒

濕疹患者尤其要留意，一旦不幸感染了疱疹病毒，或會造成「疱疹性濕疹」。由於他們對疱疹病毒的抗抵力較低，或會引起嚴重問題。疱疹病毒有機會令濕疹患者的皮膚潰爛，不單是口齦炎，而是全身長滿疱疹。

專家顧問：兒科專科醫生伍永強

妥瑞症
不同抽動症

小朋友經常戚眉弄眼、發出奇怪的聲音，有時候連手腳也不停抽動，是否患上了妥瑞症？到底妥瑞症是怎麼一回事？它跟抽動症又有何分別？一旦確診妥瑞症，又有何治理方法？且聽兒科專科醫生伍永強逐一拆解。

妥瑞症最早發現可能已是6、7歲，開始上小學時。

妥瑞症診斷條件

　　要留意抽動並不一定代表有妥瑞症。抽動是很常見的兒科問題，但妥瑞症卻並不常見。可以説，妥瑞症一定會有抽動，但有抽動的小朋友就不一定患有妥瑞症。要確診為妥瑞症，必須經過評估及包括以下多個條件：

- 兼有肌肉及聲音的抽動；
- 持續超過一年；
- 對生活質素構成影響；
- 已排除其他的可能性；
- 病徵始於 18 歲以下。

　　「一些簡單如眨眼之類的抽動，很多時在 3、4 歲時已出現，家長如處理得宜，很多時只是短暫的壞習慣。但如果情況持續及惡化，便可能是妥瑞症。比較嚴重的病例常在 6、7 歲左右才明顯發現，在開始上小學，並在學校出現問題才被察覺得到，妥瑞症的診斷一般要一段時間觀察和評估，沒有甚麼化驗或造影檢查可以一次確診，家長要有耐心，和醫生合作。」

有家族遺傳傾向

妥瑞症屬於行為、精神及腦神經發展上的毛病。主要由先天因素影響，也受一些後天環境因素造成。「以抽動症為例，患者以男孩子居多，很多時都有家族遺傳傾向的，我們會留意到一些小朋友經常擠眉弄眼，原來他的父親也有同樣的動作。」數據顯示，小朋友的抽動行為其實是十分常見的，只要給予耐性，過一段時間便沒有的了。但如果發現持續超過一年，又或者出現多方面的抽動，甚至影響到學校生活。

治療方法

至於治療方面，不同年紀有不同處理方法。若是年紀很小，開始有眨眼、歪嘴等動作，通常看普通兒科便可。醫生會先看看小朋友有否受其他身體的毛病影響，例如小朋友有鼻敏感、眼睛敏感等，也會令他出現如嗡鼻等小動作，只要透過治療減低敏感，這些動作便會減少出現。接着便是家長的輔導。「通常會建議家長先不要仿效小朋友的動作，也不要經常提着他，媽媽越是説起，小朋友就越反覆做得多。」若真的被診斷患上妥瑞症，主要透過兩方面作出治療。第一是行為治療，由心理學家教導孩子控制自己的行為。其次就是藥物治療，有些口服藥物可有助控制病情。值得一提的是，嚴重的妥瑞症病人差不多有一半是有學習問題。

抽動症診斷條件

抽動即是一組肌肉反覆作出一些動作，小朋友最常見的抽動於眼部、嘴部及面部肌肉；另外就是手、腳、身體，可以分開兩個層次：第一是肌肉的抽動；第二則是因抽動而發出聲音。

「我們發出聲音主要靠口部、喉部等肌肉控制，這些肌肉出現抽動，小朋友便發出像『咳』的聲音，又或是從鼻子或是喉頭發出『嘰嘰咕咕』的聲音。無論肌肉或聲音的抽動，可以分作簡單和複雜兩類。」簡單肌肉抽動例如眨眼、戚眉弄眼、像做鬼臉的樣子，或是崇崇肩等都很常見。複雜肌肉抽動沒有那麼常見，可包括遞手、遞腳、彎腰或整個身體扭曲，甚至做出古怪行為等，每次都反覆做許多次。至於簡單的聲音抽動就如上述的喉頭聲音，咳聲等，複雜的聲音抽動比較少見，多出現在一些嚴重的個案，例如胡亂説話，甚至於説粗話或不雅語言。

源自牛津 幼兒家用學習系統

愉快學習歷程 由牛津開始

適合0-6歲幼兒

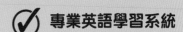

✓ 專業英語學習系統

✓ 幼兒英語權威、 早期及幼兒教育 專家和學者 共同研創

✓ 由英國牛津大學 支援

✓ 全面均衡發展 包括中、英、數

兒歌及多元感官玩具

特殊觸感學習卡

立即登記線上講座 了解更多新手家長育兒貼士

Oxford Path 牛津幼兒英語 🅕 📷 ▶

www.oxfordpath.com

專家顧問：兒科專科醫生周中武

患克隆氏症
徵狀較長

　　小朋友肚痛看來平常，但也可能是患上慢性腸炎，需長期用藥及調理飲食。克隆氏症也是慢性腸炎疾病之一，近年病發率有所上升。家長需要留意，孩子除肚痛外是否出現其他病徵？小心治療不及時導致食慾不振，體重下降，影響其成長。

餵哺母乳可以降低患克隆氏症的風險。

加工食品增患病風險

　　克隆氏症的成因與遺傳和生活習慣有關。首先，如有家族史，患病機率會增加。生活習慣上，進食加工食物會增加患病機率，而餵哺母乳可降低患上克隆氏症的風險。

如何確診

　　如病人出現克隆氏症的臨床症狀，醫生會進行初步檢查，主要包括血液檢查、糞便檢查等。如初步結果和克隆氏症吻合，會進一步進行胃鏡、大腸鏡檢查及確診。確診過程中需要進行的檢查相對多，周醫生解釋，這是因為需要排除其他引致相似病徵疾病的可能性，亦需要認識疾病所影響的腸道位置。

　　相似徵狀的疾病，包括普通腸胃炎、易激腸、肺癆或者特殊食物敏感。克隆氏症與普通腸胃炎的最大分別在於時間性，普通腸胃炎一般一到兩個星期康復，但克隆氏症的徵狀維持時間較長，數以月計，比如生口瘡的情況持續不斷、難以痊癒。

3 大治療方式

一般會考慮營養治療、藥物治療和手術治療三種方式：

❶ **營養治療**：現時主要有兩種營養治療餐。一種為「純腸道營養液療法」，透過特製的配方奶，取代日常食物，能避免食物中引致腸道發炎的物質，通常經過 2 至 3 個月治療，就能有效控制腸道發炎。另一種餐單為「克隆氏病剔除飲食治療法」。主要剔除有機會引致克隆氏疾病的食物，包括合成加工食物、含麩質的食物、動物脂肪和飽和脂肪等，再加營養液補充營養。採用營養治療還是用藥治療的方式，與病情是否嚴重無直接關係，主要視乎父母希望嘗試營養處理還是用藥物醫治。但營養治療的方法要嚴格控制飲食，需要有自制能力的病童才比較合適。

❷ **藥物治療**：醫生通常會處方美沙拉秦、類固醇、免疫系統抑制劑、生物製劑等藥物。

❸ **手術治療**：一般情況，手術不是一線治療，因為克隆氏症可引致整條消化道發炎，即使手術切除受影響部份，之後在腸道其他部份也可能出現發炎情況。在營養治療、藥物治療都無法控制病情，或出現併發症如腸塞、肛門周邊出現瘺管、膿瘡，才考慮手術治療。

注意飲食

如不能跟足「純腸道營養液療法」或「克隆氏病剔除飲食治療法」，亦應以健康新鮮的食物為主，戒除合成加工食物，減少外出用膳。飲品方面也以水、清茶為住，亦鼓勵飲用營養奶以作補充營養。

體重驟降 影響成長

克隆氏症有不同徵狀，患者在初期病徵並不明顯，會出現輕微肚痛、生口瘡（痱滋）的情況，大便不成形、次數也會較密。肛門周邊出現膿腫、瘺管也屬常見情況，但由於青少年怕尷尬，有時不會主動告知父母。若不重視這些徵狀，久而久之，小朋友會出現大便出血，食慾不振，體重驟降，發燒等情況。如還沒有得到合適治療，會影響腸道營養吸收，引致營養不良，繼而導致進入青春期的時間滯後，影響發育和成長。而長期不受控制的腸道發炎，亦增加腸塞和腸癌的風險。

幽門螺旋菌
易被家人傳染

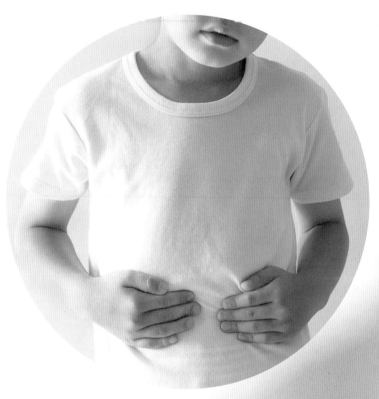

小朋友喊肚子痛，可以有許多可能，其中感染幽門螺旋菌是原因之一。2017 年香港中文大學醫學院研究顯示，全球有 44 億人感染幽門螺旋菌。其中 10 歲以下小朋友的感染機會最高，他們最大機會從同住的家庭成員身上感染得到幽門螺旋菌。

主要病徵

一旦感染幽門螺旋菌會有甚麼病徵呢？周醫生表示，大部份人在感染幽門螺旋菌後都沒有明顯症狀，因此，往往潛伏多年也難以察覺。幽門螺旋菌會寄生在胃部黏液或其細胞內，引起慢性胃炎，損害胃壁。

有患者則會出現以下情況：

❶ 腸胃不適、肚痛。

❷ 大約有 10 至 15% 的病人會出現胃潰瘍或者十二指腸潰瘍，患者多數有：

- 大便帶血；
- 黑色糞便；
- 吐血或咖啡狀嘔吐物；
- 貧血症狀。

治療及護理

至於治療方面，經醫生診斷後，周醫生指出，一旦發現感染幽門螺旋菌，由於成年人長遠有患上胃癌的風險，因此必須作出治療。一般須服用兩種抗生素加上胃藥，療程為兩個星期。「治療後四個星期，再進行一次呼氣檢測或糞便抗原檢查，確定細菌是否已被清除。」

至於小朋友若感染幽門螺旋菌，又沒有徵狀時，一般可考慮不用治療。但若出現病徵，基本上，治療跟成年人一樣，須服用一種胃藥以及兩款抗生素，整個療程為 14 天。不過，要留意的是，療程對一個小朋友來說，須要服用藥物達兩周之久，當中存在很多潛在問題。「大多數小朋友的服藥依從性較低，此外，胃藥及高劑量抗生素或會引致腸胃不適，加劇小朋友抗拒食藥的況。家長需要花較多時間和心血餵藥，令小朋友可以完成整個療程，減少抗藥性的幽門螺旋菌，增加治療成效。」

幽門螺旋菌有機會透過食水等傳染。

預防 7 大提點

　　預防幽門螺旋菌，得留意以下 7 大提點：

❶ 注意個人衞生；

❷ 由於家庭成員之間互相感染幽門螺旋菌的情況很常見，若條件許可，家庭成員應同時檢測以及同時治療幽門螺旋菌；

❸ 有研究指，幽門螺旋菌會存在於人體的口腔中，因此，在治療胃部幽門螺旋桿菌感染時，應同時檢測，以及治療口腔幽門螺旋桿菌感染；

❹ 日常使用漱口水漱口可有助預防幽門螺旋菌；

❺ 日常注意食具的清潔衞生。由於幽門螺旋菌並不耐熱，若有高溫消毒功能的碗櫃可有效把幽門螺旋菌殺死。此外，利用熱開水清洗碗碟時也可將幽門螺旋菌殺死；

❻ 家中或有長者習慣將食物嚼碎或咬下來再餵給孩子，這都是不良習慣；

❼ 家人一起進食宜使用公筷，彼此間也應注意避免互相夾菜。

成因及出現

　　幽門螺旋菌在香港可說十分常見，雖然近年的感染率已有所回落，但仍有感染的風險。至於其傳染途徑，則至今尚未清晰。兒科專科醫生周中武表示，成年人感染幽門螺旋菌，長遠有患上胃癌的風險，必須作出治理。至於小朋友，一般在 10 歲以下的感染機會最高，最大機會是從同住的家庭成員身上感染得來。此外，幽門螺旋菌亦有機會透過唾液、體液、排泄物、嘔吐物以及食水等傳染。

韓國製造
Made in Korea

孩子必吃健康米零食

不經油炸
No Oil-frying

新配方!
New ingredients,
more health

6m+	6m+	12m+	12m+

有機米牙仔餅
Organic Rice Rusk

有機米條
Organic Rice Stick

糙米條
Real Puffing

糙米泡芙
Brown Rice Puff

質感鬆軟,寶寶入口易融
Melt quickly in baby's mouth with a soft texture

幫助舒緩寶寶出牙不適
Helps baby to soothe tooth itch

訓練寶寶手眼協調能力
Train baby's fined motor skill

訓練寶寶抓握小物件的能力
Helps develop baby's grasping small object's skill

 選用韓國楊平郡優質大米　　　 擁有HACCP認證 安全可靠　　　 有機認證 更有信心　　　 不經油炸 健康有益

胃酸倒流
未完全吞嚥

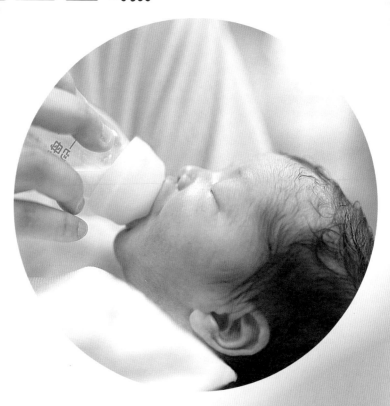

胃酸倒流，即胃部食物和胃酸反流入食管或口腔，可分為生理性和病理性。嬰兒嘔奶多屬於生理性，最初幾個月嬰兒多會出現胃酸倒流情況，4 個月大是高峰期，約接近 6 成的小朋友出現該情況。嬰兒多在 6 個月大後情況好轉，一般 12 至 18 個月大左右症狀會自行緩解。

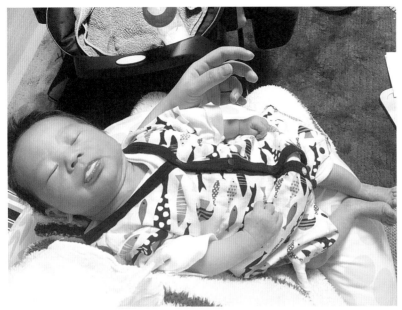

嬰兒嘔奶多屬生理性，最初幾個月嬰兒多會出現胃酸倒流情況。

食物未完全吞嚥是成因

第一，嬰兒食用流質食物，與固體食物相比較易造成胃部逆流。第二，嬰兒經常躺臥，平躺姿勢可能令食物未能被完全吞嚥（俗稱落隔），出現嘔奶情況。第三，嬰兒食道較短，亦使得食物較容易上湧。

生理性胃酸倒流

醫生會首先了解胃酸倒流屬於生理性或病理性，亦要考慮會否是其他疾病引致與胃酸倒流相似徵狀。如為生理性的胃酸倒流一般影響不大，而病理性則對嬰兒生長及身高體重方面都有負面影響。

檢查及確診

如病史是典型的生理性胃酸倒流，一般不會特別檢查。如症狀較複雜，可進行以下檢查了解病因。

❶ 胃酸倒流測試

通過胃酸倒流測試，了解是否胃酸過多而出現食物、氣體上湧的情況。

❷ 食道造影

食道腸胃銀造影利用造影劑配合 X 光透視，把食道和腸胃的輪廓顯現出來，幫助醫生診斷是否出現胃酸倒流的情況，或其他腸道結構問題。

❸ 胃排空掃描

在胃排空掃描中，患者喝的飲料含少量放射性物質，然後進行胃掃描。通過特殊相機或掃描儀可檢測到放射性物質在身體的移動，以測量食物停留在胃部或者湧到食道、落至十二指腸的所需要的時間，從而了解腸胃蠕動情況。

❹ 胃鏡

通過照胃鏡檢查食道、胃及十二指腸的情況，了解是否先天原因或其他原因導致嘔奶情況。

嬰兒抗拒進食要留意

徵狀大部份為嘔奶，而嘔奶有不同類型。典型的胃酸倒流所致的嘔奶通常從嘴角流出一兩口奶或滲出少許為常見現象。但若有以下情況就需要留心：有時嬰兒吃奶的時候會把頭向後仰，拒絕進食，這是嚴重胃酸倒流的徵狀。而用力嘔吐，尤其是發生在一個月大的嬰兒，可能是幽門位收窄，需手術處理。嘔吐物中夾雜黃膽水，有機會為小腸閉塞所致。當嘔肚物帶有血或啡色物體，可能是嚴重胃炎或食管發炎。其他徵狀如肚脹、大便有血或生長及體重增長緩慢，也是嚴重疾病的警號。

改善飲食習慣

改善飲食習慣：胃酸倒流的情況與嬰兒長時間躺着有關，可在進食後保持非睡姿 20 至 30 分鐘。掃風亦可幫助小朋友把進食過程中吞下的空氣排出，減少嘔奶機會。配方奶方面，可選用加稠或含「抗反流」功效的奶粉。如有敏感、濕疹的小朋友，患有牛奶蛋白敏感導致胃酸倒流的機會率相對高，可考慮更換敏感配方奶粉，飲用 2 至 4 星期，監察治療效果。

藥物或手術治療：如需要使用藥物，一般為抑壓胃酸的藥物以保護食道。除非為先天性結構問題，否則較少以手術形式進行治療。

鵝口瘡
由真菌引起

媽媽替寶寶清潔口腔時，發現口腔內的黏膜和舌頭上有些白色的小斑點。寶寶表現不耐煩，也不太願意進食，擔心寶寶有可能患上鵝口瘡。兒科專科醫生周中武表示，鵝口瘡是由一種白色念珠菌引起的真菌感染，通常 1 歲以下的小朋友會較常見。

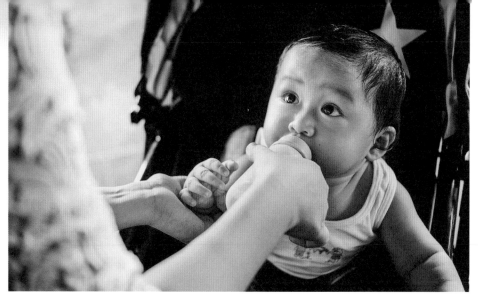

奶樽焗得不夠乾淨，容易令寶寶患上鵝口瘡。

3 大主要病徵

一旦患上鵝口瘡會有甚麼病徵呢？周醫生表示，病人一般會出現以下情況：

1 口腔內的黏膜和舌頭上會長出一些白色的小斑點。

2 這些白色小斑點或會令患者感到疼痛和不適。

3 有時或會出現發紅的情況。

鵝口瘡通常局部性長在口腔內，不過，有少數極端情況如患者的身體免疫系統出現問題，念珠菌走入身體其他位置，就可能帶來嚴重影響，甚至帶來生命危險。「例如念珠菌入血，不過通常只會出現在身體狀況很差，例如長期服用一些抑壓免疫系統藥物或化療藥的病人等。」

治療及護理

至於治療鵝口瘡，經醫生診斷後，醫生一般會視乎病人情況給予服用抗真菌藥，期間注意一下飲食，不要給患者進食太熱的食物，因為食物太熱會令患者進食時感覺困難及疼痛。因此，食物保持室溫會令小朋友進食時感覺舒服一點。如接收適當的治療，一至兩星期左右，患者便會痊癒。

如果寶寶患上鵝口瘡，媽媽在護理上不妨多加留意以下情況。「日常媽媽都會利用紗巾替寶寶清潔口腔，如果發現口腔內有白點抹不掉，應要同時留意寶寶身體還有沒有其他不舒服的地方。另外，也得觀察寶寶除了口腔內，身上其他位置有沒有念珠菌感染。」

鵝口瘡通常局部性長在口腔內。

預防 6 大提點

預防鵝口瘡，要留意以下 6 大提點：

1 注意個人衛生。

2 寶寶的奶樽要焗得徹底乾淨。

3 若是餵哺母乳，媽媽要多注意自己身體的清潔。

4 餵哺寶寶之前，切記清潔雙手。

5 如需服用類固醇，服用後謹記漱口，以免藥物黏在口腔內，容易長出鵝口瘡。

6 減少不必要使用的抗生素。

注意個人衛生，BB 奶樽要焗得乾淨，餵哺母乳的媽媽要清潔自己身體和雙手才去餵哺，另外，吸用類固醇藥物後要漱口或飲水，沖走藥物，不要留在口腔，還有，減少抗生素的不必要使用，否則殺死了正常細菌，這些真菌就容易滋生。

成因及出現

周醫生指出，當日常接觸到一些不潔物時，便有機會患上鵝口瘡。「例如給寶寶吃奶的奶樽焗得不夠乾淨，又或者給寶寶餵哺母乳，但媽媽皮膚上存在真菌時，也有機會傳染給小朋友。」

此外，鵝口瘡也容易出現在一些經常服用抗生素或類固醇的人，以及出現在一些身體免疫系統較差者的身上。「真菌或念珠菌很多時候都在皮膚或口腔內存在的，有些病人需要服用抗生素將體內其他細菌殺死，白色念珠菌就有增生的機會，又或者，一些如哮喘患者吸用類固醇後沒有漱口，藥物黏在口腔內也會容易長出鵝口瘡。」

專家顧問：兒科專科醫生周中武

先天性膽道閉塞
每年有 9 嬰患

據一項報導指出香港每 8,000 名初生嬰兒，便有一人患先天性膽管閉塞，每年便有約 9 名初生嬰兒不幸罹患此病，究竟先天性膽管閉塞有何成因及治療方法？家長可以怎樣及早察覺呢？現在便由兒科專科醫生為家長們一一解答。

膽道系統發育異常

兒科專科醫生周中武指出，膽道閉塞的成因至今仍未能全部解開，而先天性膽管閉塞是幼童最常見肝膽外科疾病之一，主因是膽道系統發育異常，如先天畸型或發育不良所致，而出生後膽管持續發炎，再加上缺血、個體免疫、胰臟酵素逆流、膽酸刺激等，最終造成永久性的膽道纖維化，因而導致新生兒膽道阻塞，無法順利將肝臟分泌的膽汁引流至十二指腸。亦有學者認為，胎兒在母親懷孕時，受病毒感染影響，而影響了胎兒的膽道發育所致。

症狀出現要留神

周醫生續稱，「先天性膽道閉塞」初時沒有明顯病徵，只有幼兒常見的黃疸，但病童的黃疸消退速度特別慢。若新生兒在出生兩周內黃疸未退，糞便呈偏灰白色，小便的顏色深色得像茶色；這情況便可能是膽管閉塞，需盡速就醫檢查。假如沒有得到合時合適治療，到後期會出現肝臟腫大、腹部腫脹、脾臟腫大、腹水、眼白變黃、厭食、嗜睡及生長不良等。

把握治療黃金 60 日

很多孕媽在孕期都會照超聲波，為何未能發現到胎兒出現膽道閉塞的問題呢？周醫生表示，在照產前超聲波時，只是能看到膽囊，不能看清楚膽管；在大多數情況下，胎兒膽道都是正常，只是出生後出現膽管持續發炎，繼而造成膽管閉塞，所以產前檢查大都沒有察覺得到，多數都是出生後才發現。確實診斷後，治療手術最好在出生後 60 日內進行，以增加手術治療的成功率。如手術未能幫助膽液流回膽道，小朋友肝臟持續受損，最終可能要肝臟移植，才能保命。

隨時肝衰竭致命

患有先天性膽管閉塞的嬰幼兒，嚴重者可引致肝硬化及肝衰竭，甚至死亡。周醫生稱因肝臟受損，出現慢性肝病，阻礙了營養吸收而出現發育不良，營養不佳，也有出現肚皮積水的情況。亦由於肝硬化，產生門脈高壓，令肚皮上很多的血管脹大，並有胃及腸出血等的情況，而且很容易受感染，所以及早做手術才是最佳的治療方法。在接受手術後，約有三分一的病人是完全康復，三分一病人肝功能輕微受損，另三分一病人手術失敗而需要移植肝臟。

Part 2

孩子眼部出現問題，除了近視之外，
還有弱視、紅眼症、乾眼症等，
每種眼患皆影響孩子日常生活，
本章會一一話你知。

兒童弱視

視力發育有問題

弱視是兒童常見的眼病，香港約有 4% 兒童有弱視問題。視力問題未必能在日常生活中觀察發現，因此應在 3 至 4 歲時讓孩子接受視力檢查。透過檢查，如發現為發育問題，則有數年時間可追上發展，以下由眼科專科醫生為家長分析兒童的弱視問題。

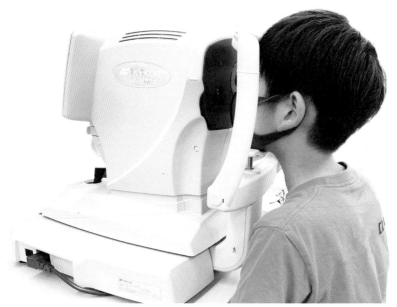

弱視問題要及早進行檢查、發現，在8歲前處理好。

何謂弱視？

　　弱視為視力發育問題，如小朋友已處理了近視、遠視、散光等度數問題，但看事物時仍然模糊不清，矯正視力不達標，即可能有弱視問題。新生兒的視力很弱，出生至 7、8 歲期間小朋友的腦部神經細胞需接收到眼球傳送的清晰影像訊號，刺激腦部視力區域發展，才能讓視覺發育完整。此過程中，如果眼睛因為某些原因導致無法傳達清晰的影像訊號至大腦，就會導致視覺發育不健全，亦即弱視。

弱視 3 大成因

　　范舒屏醫生表示，兒童患弱視有以下 3 個原因：

❶ 度數問題：包括近視、遠視、散光所導致的弱視。該情況下，有可能雙眼視力相差較大導致單眼有弱視問題，也可能雙眼都有弱視。

❷ 斜視問題：即雙眼焦點不一致，也會導致弱視。雙眼見到不同事物，會令大腦非常混亂，而不用斜視的眼睛。較弱的眼睛未被使用，大腦中相應區域就無法發育健全。

❸ 結構問題：比如眼皮下垂、白內障等。

弱視難察覺

范醫生表示，弱視問題未必能直接觀察發現，弱視可以是單眼的問題，單眼弱視的病人的視力異常不易發現。尤其是度數問題所致的情況下，小朋友會習慣使用沒有問題的眼睛，直至遮住一隻眼看事物時，才會發現到另一隻眼的視力問題。

從外觀上能夠觀察到的弱視問題，一類是斜視所導致的弱視問題，可見到小朋友的雙眼焦點不一致。另一類則為結構問題，比如小朋友眼皮下垂。

誤區：弱視、斜視分不清

弱視和斜視常常容易被混淆。弱視是指視力不好，為發育問題，而斜視是指雙眼焦點不一致。斜視可能會導致弱視，是弱視問題的成因之一。

治療方法

范醫生表示，根據弱視問題的成因，醫生會給予相應治療。如為度數問題，醫生會考慮讓小朋友戴眼鏡矯正度數。若為斜視問題所致的弱視，要視乎是度數還是肌肉問題所致，肌肉問題會考慮手術。如為結構問題，如眼皮下垂、白內障問題也會作相應處理。此外，即使在治療後，小朋友也需要做眼部的練習，因為生病的眼睛相對弱，需要訓練恢復視力，比如通過遮住健康的眼睛，讓孩子必須多用較弱的眼睛。

把握黃金治療期

斜視問題並非環境因素造成，因此並無預防方法，一定要早發現早處理。范醫生表示，若涉及到視覺發育問題，建議 8 歲前處理好。視力的發展有時間限制，一旦過了該時期，視力發育已定型，治療效果就很差。她表示弱視如不處理，視力就一直不會提升，但早戴眼鏡、遮眼，就有機會回復 100% 的視力。范醫生表示，有家長發現小朋友弱視時非常憂慮，但及早檢查發現問題、進行處理，孩子的視力一定會進步。

眼皮下垂
增加弱視機會

小兒眼皮下垂的問題外觀上一般可直接觀察到，單眼眼皮下垂會出現大細眼的情況。眼皮下垂的程度嚴重會遮蓋着瞳孔，阻礙視力，處理不及時可永久影響視力。如發現小朋友出現突發性的眼皮下垂一定要盡早求醫，有機會是較嚴重問題如腦部的突發情況，包括血管瘤或神經線麻痹。

先天性眼皮下垂較常見

眼皮下垂的成因中，較常見為先天性眼皮下垂，其他情況包括創傷、腫瘤或眼瘡，以及神經系統出現問題等。在先天性眼皮下垂的情況中，成因主要為先天性提瞼肌發育不良，提瞼肌無法提起眼瞼。另外馬克斯甘顎動性眨眼症候群和先天性瞼裂狹窄綜合症也會導致眼皮下垂，後者較易從外觀觀察，眼皮左右打開的裂縫位置也相對狹窄。長於眼皮的血管瘤、眼瘡也可能導致眼皮下垂。神經系統導致的眼皮下垂，主要包括動眼神經麻痺及霍納氏症候群。動眼神經麻痺是由於動眼神經出現問題，有機會影響眼球活動能力。霍納氏症候群，則是交感神經系統出現問題，眼皮下垂外，通常受影響一側的瞳孔會縮小。

重症肌無力導致肌肉無力，若眼瞼肌肉受影響令眼皮下垂。該問題所致的眼皮下垂情況較特別，眼皮大細隨時間有不同變化，比如晚上因疲倦不能用力下垂情況會嚴重些。

評估眼皮下垂程度及影響

通過以下方式，可對眼皮下垂的程度及影響進行評估：第一，檢查視力。第二，通過屈光檢查了解散光程度。第三，客觀評估眼皮下垂情況，依 MRD1（上眼瞼邊緣和瞳孔中心光反射的距離）區分眼皮下垂的程度。

手術助矯正眼皮下垂

個別病人或需要接受手術去矯正眼皮下垂，而當中考慮因素包括病情對視力的影響、外觀及病人的年齡。眼皮下垂嚴重而影響視力發展時則需要對症下藥，盡早處理。

對於較為常見的先天性眼皮下垂中提瞼肌發育不良的問題，會考慮到提瞼肌的功能的好壞而決定使用的手術方法。提瞼肌仍有一定功能，可考慮提瞼肌截短術。提瞼肌功能較差，會採用前額肌懸吊術，於眼眉及眼皮上各開 2 至 3 個小傷口，以自身的筋腱組織或矽膠連接提瞼肌及前額肌，提起上眼瞼。

進行手術需全身麻醉，手術後視力問題可得到解決 (需要時亦或要配合弱視治療)，外觀上也有較大提升。但由於前額肌懸吊術借助外來物，術後眼睛向下望未必太自然。手術後初期眼皮無法完全閉合，因此睡覺時需塗藥膏以滋潤角膜表面。

專家顧問：眼科專科醫生劉承樂

角膜炎
嚴重致角膜穿孔

兒童角膜發炎以感染性為主，不同年紀的小朋友都可能患上角膜炎。受炎症影響，患者會出現眼紅、角膜充血、眼部疼痛、紅腫、灼熱感和異物感。家長如見到小朋友經常揉眼或分泌物過多，需多加留意。

角膜炎成因

❶ 感染性角膜炎：

　　細菌、病毒、真菌和寄生蟲都可導致角膜發炎。病毒感染中以疱疹病毒最為常見，而細菌包括表皮葡萄球菌、綠膿桿菌都有機會引致角膜炎。真菌感染，通常來自自然界物件，比如戶外活動時角膜被如樹枝、樹葉刺到，導致真菌感染引致角膜炎。寄生蟲感染方面，使用隱形眼鏡比如矯視隱形眼鏡（例如 OK 鏡）的過程中，可能出現由阿米巴變形蟲引起的寄生蟲感染，導致感染性的角膜炎。

❷ 非感染性角膜炎：

　　除了細菌、病毒感染的角膜炎，眼睛發炎也會導致角膜炎。眼瞼角膜結膜炎的情況下，有機會因眼皮受細菌感染，引起角膜或者結膜表面有發炎反應，令眼瞼、結膜、角膜同時受影響，進而導致角膜炎。常長出眼瘡、因患上玫瑰痤瘡油脂分泌較多的孩子需尤其注意。周邊潰瘍性角膜炎，即位於角膜周邊出現的炎症，也有機會導致嚴重後果如角膜穿孔。

增加患散光機會

　　患上角膜炎會影響視力，若角膜長時間發炎感染，因細菌或發炎反應令角膜變薄，可能導致角膜受損甚至穿孔。出現角膜穿孔，會造成眼睛劇烈疼痛、視力模糊，需立即處理。其他長遠影響包括視力下降，出現散光、弱視問題。康復後角膜可能結疤，令小朋友看東西時如同隔着磨砂玻璃，導致視力受阻。疤痕也可能影響角膜弧度，因而導致散光，影響視力，也有機會出現弱視問題。因此，角膜發炎、受損都應盡早處理。

檢查與治療

　　檢查方面，主要會進行全面的視力檢查、眼睛及眼皮檢查、裂隙燈檢查。首先需進行視力檢查以及眼壓測量。眼睛受創傷情況下，需進行全面的眼睛、眼皮附近周邊檢查，了解其他位置如眼皮、眼部肌肉是否受損。針對角膜，會通過裂隙燈進行檢查，觀察角膜的受損程度。此外，也有機會需抽出少量角膜組織或眼水進行化驗，確認當中是否含細菌或病毒，從而幫助醫生處方對細菌或病毒起作用的藥物。

睫毛倒生
可致弱視及散光

睫毛倒生是常見的眼皮問題，由嬰兒到成年人都有機會出現該問題。睫毛可以阻擋塵埃及其他異物對眼球的刺激，保護眼睛。正常情況下睫毛向外生長，而睫毛倒生是睫毛生長方向錯誤，睫毛向內生長導致眼睛角膜或結膜受刺激。

未懂說話的小朋友也可能出現睫毛倒生，家長如留意到小朋友經常流淚，頻繁眨眼，應及時求醫。

睫毛倒生的四大成因

第一，由眼睛發炎引起。例如最常見的眼皮發炎，有機會是油脂過多、積聚細菌導致發炎，從而影響毛囊生長或眼皮的位置。另外一種更嚴重的發炎，史蒂芬強生症候群，指對藥物敏感導致的嚴重敏感反應，也會導致眼皮內翻或者眼睫毛生長的方向受影響。

第二，由感染所引起。比如由感染沙眼衣原體所引起的沙眼，會造成眼皮位置結痂，也會影響眼睫毛生長的方向。但沙眼這眼疾多存在於發展中國家，在香港已非常少見。

第三，曾進行眼皮手術或眼皮受創，令眼皮結疤或改變了眼皮結構，亦有機會導致睫毛倒生的情況。

第四，眼皮結構出現異常例如眼皮內翻以及更為常見的眼瞼贅皮，都有機會令睫毛向內生長，刺激眼球角膜表面。小朋友的睫毛倒生大多是眼瞼贅皮所致，眼瞼的眼輪匝肌肥大脹起，令眼皮及睫毛向內捲，刺激角膜。眼瞼贅皮的情況嚴重時需要進行手術，處理好結構問題。

眼睛不適 頻繁眨眼

睫毛倒生的常見症狀包括眼睛有異物感、眼紅、眼睛有分泌物。部份小朋友會表示眼痛、畏光，以及要頻繁眨眼、揉眼才能令眼睛舒服，這些都可能是睫毛倒生令眼睛不適而出現的情況。還未懂得說話的小朋友也可能出現睫毛倒生，因此家長需要留意小朋友是否有眼紅、流淚、頻繁或大力地眨眼、經常不自覺揉眼，如出現以上症狀應及時求醫。

如何治療

輕微的睫毛倒生，可通過藥物治療，以藥水、藥膏滋潤眼睛表面，修補角膜受損情況。如出現角膜、結膜發炎的情況，會用抗生素藥水處理。

少量的睫毛倒生，可以通過電燒法處理，用儀器破壞睫毛毛囊，令不正常的眼睫毛不再長出。如需要同一時間處理多條倒生睫毛，會用冷凍儀器進行冷凍治療。如為眼瞼贅皮或眼皮內翻這類結構問題而非毛囊問題導致的睫毛倒生，需要通過比較大型的手術處理。進行手術時需要全身麻醉，因為在局部麻醉的情況下小朋友未必能夠合作。如家長不希望以手術形式處理倒生的睫毛，少量的睫毛倒生也可通過定時拔除的方法處理。

不同處理方法效果亦有所不同。以拔除方法處理，睫毛一般在兩、三個月後會重新長出。通過電燒法或者冷凍治療，效果與直接拔除相比有較大改善。如為結構問題，通過眼皮手術處理後睫毛不會再向內生長，刺激角膜。

角膜損傷 影響視力

睫毛倒生會引起不適，如倒生的睫毛持續摩擦角膜，有機會令角膜或者結膜受傷甚至發炎。即使及時處理角膜的發炎或潰瘍，亦有可能留下疤痕，影響視力。8歲前是兒童視力發育黃金期，如未能及時處理好相關問題，影響視力發育，有機會導致弱視情況。如果角膜受損，導致角膜的弧度改變，也有機會出現散光問題或其他屈光問題。

乾眼症

眼紅兼怕光

天氣乾燥，父母會為小朋友塗上潤膚乳液，滋潤皮膚，對於同樣曝露空氣下的眼睛則甚少理會，當空氣變得乾燥，又或長期處身於暖氣房間，均可能引發「乾眼症」。對於正處於發育階段的幼兒來說，「乾眼症」不僅干擾到學習時的專注力，如未有妥善處理，可致發炎，引致視野模糊。

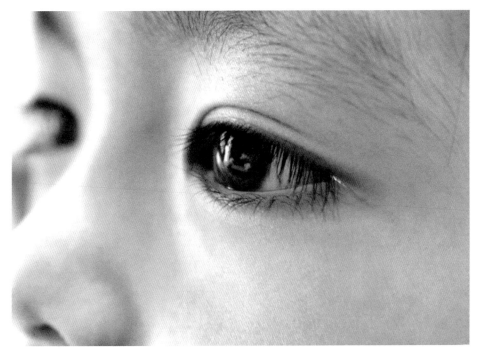

眼乾，令眼前事物看不清。

令視力受損

「乾眼症」是一種慢性眼睛疾病，而且小朋友又不擅表達，加上疫情下，小朋友增加使用電子產品學習，使病情惡化。倘若眼睛長期乾涸，角膜表面出現損傷，很容易受細菌感染及形成疤痕，令視力減弱。

眼有紅絲

如出現「乾眼症」，會出現眼紅且有紅絲、時常感到疲倦、乾澀、疼痛、怕光、捽眼、眼垢增多、視野模糊不清、無故流淚等病徵。

3 大類型

❶ 缺水型

若淚腺受到破壞、功能退化或異常，淚水分泌會減少。當空氣乾燥、長時間使用電子產品時，這些情況都可能引致淚水分泌不足，造成「缺水型」乾眼症。

❷ 缺油型

瞼板腺的開口在上下睫毛根部附近，主要的功能為分泌脂質層，健康的脂質層可減緩淚膜水液層的揮發。當淚液缺少脂質層，水份會快速蒸發，造成「瞼板腺功能障礙」。

❸ 混合型（缺水及缺油）

臨床上，多數患者屬於混合型乾眼症，即是淚水分泌不足（缺水）及淚液蒸發太快（缺油）兩者症狀並存。

全面檢查

先了解幼童病徵和生活習慣，再根據臨床檢查診斷乾眼症，以評估導致眼乾的主要原因，再檢查眼、臉和角膜。家長可在兒童 3 至 4 歲起進行全面的眼科及視力檢查，包括使用藥水防鬆睫狀肌肉，以預防及及早發現眼疾或有否患上近視等的情況，其次再放大瞳孔，以全面檢查眼睛。

眼睛休息

- 治療主要是減輕眼乾症狀，增加眼球表面的淚液，增加淚水分泌和減少淚水蒸發。眼乾是慢性疾病，需要長期接受治療，並需要患者去改變生活習慣；
- 使用淚道塞子堵塞淚道開口，從而減少淚液流失；
- 少接觸冷空氣等誘發眼乾的環境，要注意眼睛臉部清潔，應增加戶外運動時間；
- 使用不含防腐劑的人工淚液；
- 配戴鞏膜鏡是一款高透的特製隱形眼鏡，覆蓋眼角膜和角膜周圍的表面，有助淚水停留眼表，滋潤角膜表面。

預防方法

- 遠離電子產品，多進行戶外運動，讓眼睛休息。
- 多喝水來補充身體水份。
- 多吃護眼蔬果來補充營養所需，可食用含豐富維他命 A 的食物，如：多喝水及奶來補充身體營養，也可食用含豐富胡蘿蔔素的蔬菜及雞蛋。
- 多眨眼保持眼睛濕潤。
- 在冷氣房內擺放一杯，保持環境中適當的濕度。

幼兒近視
先天原因佔多

　　零至 4 歲嬰幼兒的近視問題，基因的因素比環境因素更重要，因為這年紀幼兒接觸電子產品或近距離閱讀的機會不多。但近年趨勢是兩歲以上很多時已會接觸電子產品，所以 2 至 3 歲的近視可能有一定環境因素，兩歲前若有較深的近視，基因仍是較重要的因素。

先天性近視

　　眼科專科醫生湯文傑表示，先天性近視一般都是因為有特別的疾病，例如先天性的夜盲症，不過這類疾病只佔很少部份，所以若幼兒有近視，首先多是視乎父母的患近視是否很深，考慮是否基因影響。若父母沒有近視及散光，但孩子在兩歲檢查眼睛時，發現一隻眼睛超過 500 度或以上的近視，這樣的情況是極少見，除非因某些特別的遺傳病，令小朋友有近視的隱性基因，才會出現這情況。而一般的幼兒在這個度數下，他們接觸的世界影像會很模糊，除非能及早發現近視，採取適當治療措施。

及早為幼兒驗眼

　　幼兒驗眼其實應自幼便可開始，由父母或醫生進行，父母可從幼兒生活習慣觀察得到，例如幼兒看東西時眼球是否穩定——他們望著一件玩具時是鎖定目標，還是眼珠四處遊走，或出現眼球轉動的情況，這些都反映他們看東西不理想。此外，父母可以用紗布遮蓋他們其中一隻眼，用另一隻眼看東西，輪流測試，如果他們其中一隻眼的視力不理想，當單獨用「壞眼」看東西時，因為影像模糊不清，他們會變得「瘟瘟」、情緒不安，這是其中一個視力欠佳的信號。當然，如果幼兒能合作、坐定定正式驗眼，便最理想，一般都要到 3 歲後才可做到。

幼兒近視治療法

　　湯醫生指出，當發現幼兒有近視的時候，第一件事要看看他有沒有弱視，因為 3 至 8 歲是視力發展的黃金期，若小朋友其中一隻眼睛近視比另一隻眼睛深很多，或兩隻眼同時有深近視，那麼他們患弱視的機會也會大大增加，所以必須先配一副度數足夠的眼鏡，讓他們的大腦可以接收清晰影像，避免弱視的情況發生。

家居護眼 3 貼士

❶ 6 個月內的幼兒，建議室內主要用黑、紅色對比度較高的顏色，幫助刺激視力的發展。

❷ 室內也需要有一定的陽光，勿讓幼兒長期在黝暗的室內生活。

❸ 6 個月以上的幼兒，要給予色彩鮮艷繽紛的小玩具，讓他們可以培養集中眼睛對焦的情況。

專家顧問：眼科專科醫生湯文傑

眼挑針
油脂旺易患上

　　寶寶感覺眼睛不舒服，又經常用手捽眼，且在眼皮附近位置出現紅腫、發熱和疼痛等情況。寶寶是否生「眼挑針」呢？一旦發現寶寶生「眼挑針」有何治理方法？此外，若眼瘡已出現含膿情況，用藥後也不能令眼瘡完全消退，就有可能需要進行割眼瘡手術。

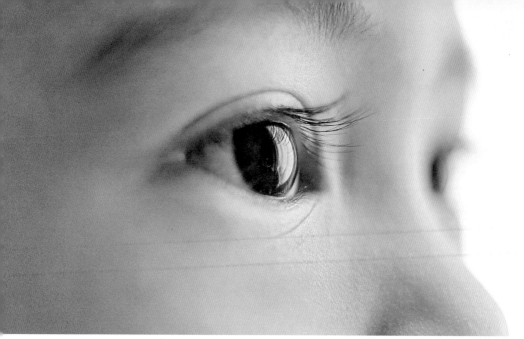

即使較小的眼瘡，也需要簡單的治療及小心護理。

孩子生眼瘡 5 個原因

就小朋友而言，由於他們的油脂分泌比較多，尤其在炎熱的夏天，會較容易患上眼瘡。湯醫生又表示，如果小朋友有以下的情況及不良習慣，就會較容易長出眼瘡；

❶ 皮脂腺分泌比較旺盛；

❷ 愛吃煎炸食物，令油脂分泌較多及積聚；

❸ 經常捱夜如打機等，以及作息不定時；

❹ 疏於清潔寢具；

❺ 經常用手捽眼睛，因而將細菌帶入眼睛內引發眼瘡。

眼挑針有何病徵

至於生「眼挑針」會有何病徵呢？湯醫生指出，眼瘡可以有很多不同的病徵，其中最常見的病徵會有以下情況出現：

● 感覺到眼瞼（上眼皮）有少許凹凸；

● 眼瞼逐漸腫脹；

● 眼睛不舒服等。

要留意的是，如果是嚴重的眼瘡，與眼瘡相關的腫脹通常不會疼痛，但是若出現繼發感染的話，則整個眼瞼可能會變得腫脹和疼痛。

爸媽留意要勤於清潔寢具。

治療及護理

談到「眼挑針」的治療及護理，可按醫生處方替小朋友滴抗生素眼藥水。以及定時為小朋友的眼睛熱敷，可把毛巾用熱水浸濕，敷在小朋友的眼睛上，「熱敷的同時，持續替他按摩眼皮，幫助打開眼皮上的油脂腺孔，讓堵塞了的油脂慢慢流出。若毛巾變涼便需更換。每日進行 4 至 5 次，每次持續約 15 分鐘。約 2 星期左右一般可以痊癒。」不過，如果眼瘡已經含膿，用藥後也不能令眼瘡完全消退，醫生可能建議進行割眼瘡手術。手術需進行全身麻醉，再在麻醉科醫生的監控下，幾分鐘內便完成割除。

在護理方面，則要注意即使較小的眼瘡，也需要簡單的治療及小心護理，例如熱敷及保持清潔。此外，要教導小朋友不要擠壓或摩擦眼瘡，並注意經常洗手。

油脂腺出口被堵塞

坊間流傳一個說法，如果生「眼挑針」，必定是因為偷看別人洗澡所致。這個小時候流傳的說法，相信現在已沒有太多人相信，大家也只當作笑話罷了。其實「眼挑針」即是眼瘡，湯醫生指出，眼瘡是常見的眼疾之一，任何年齡的人士都有機會長出眼瘡，至於小朋友也是較容易會長有眼瘡的。不過，湯醫生表示，眼瘡並沒有傳染性的。湯醫生進一步解釋「眼挑針」為何會出現的原因，因為人的上下眼瞼都有油脂腺，主要負責分泌油脂來減慢淚水的揮發，好讓眼睛能夠保持濕潤。但是當油脂分泌過多，又或者是皮膚發炎令到油脂腺出口被堵塞時，油脂便會在腺體內漲大，有機會形成眼瘡了。

專家顧問：眼科專科醫生湯文傑

淚囊炎
經常淚水汪汪

孩子經常淚水汪汪，而且有大量的粘液性分泌物等情況出現，當心有可能是患上淚囊炎。淚囊炎有可能在寶寶出生以後第一天就出現症狀。到底甚麼情況會令孩子患上淚囊炎？淚囊炎的治理、預防及護理等各方面又有何特別需要注意的地方？且聽眼科專科醫生湯文傑給我們逐一講解。

淚囊炎發病年齡可早至出生以後第一天就有症狀。

3 大主要病徵

淚囊炎的病徵，主要有以下 3 種情況：

➊ 流淚；

➋ 大量的粘液性分泌物；

➌ 眼瞼濕疹 (淚液裏有感染的東西，刺激眼瞼皮膚，產生濕疹)。

要留意的是，如果病情嚴重，一旦淚囊炎出現繼發性感染，炎症發作刺激會造成孩子的急性淚囊炎、眶蜂窩織炎，甚至形成嚴重的淚囊炎，不但患病的小朋友會感到非常痛苦，日後還會造成孩子面部的疤痕，影響孩子的一生。

淚囊按摩

預防淚囊炎，可以先進行保守治療，給寶寶做淚囊按摩。但如果保守治療一段時間仍沒有好轉，則有需要帶寶寶到醫院進行淚道沖洗，又或者淚道探通。此外，湯醫生指出，若針對眼部的分泌物，則可以使用抗生素滴眼液抗炎來作出治療。

治療方法

至於淚囊炎的治療，先天性鼻淚管堵塞可以採取鼻淚管按摩的方法，分泌物較多時建議配合使用抗生素滴眼液。其中 66% 患兒在 6 個月內透過手法按摩可以使鼻淚管通暢，以及令淚囊囊腫消退。按摩的手法是從內眼角向鼻翼方向用力按摩，堅持按摩直

針對眼部分泌物可使用抗生素滴眼液抗炎作治療。

到孩子滿 6 個月。如果 6 個月後流淚的情況仍不緩解，建議可進行淚道探通治療。

　　湯醫生指出，嬰兒探通治療的時機不宜晚於 12 個月大，因為隨着孩子長大，探通的成功率會下降。此外，淚道探通治療包括在手術室全身麻醉下探通操作，平均成功率是 75%。此外，在臨床上觀察全麻下探通後效果較好，90% 以上患兒不再流淚和流膿。湯醫生又謂，手術室全麻時間非常短，一般操作在 10 分鐘以內可以完成。麻藥的用量較輕，作用時間不會長，家長不用太擔心麻醉藥的副作用，適用於 6 至 12 個月的嬰幼兒。

發病年齡可早可晚

　　嬰兒淚囊炎是比較常見的眼病，患上此病的寶寶，他們的眼睛經常會是淚汪汪的。此外，在寶寶的眼睛裏會有許多膿性分泌物流出。發病年齡則可早可晚，有的是出生以後第一天就有症狀，有的可以是大概出世一周後或者一個月以後出現。至於此病的成因，是由於新生兒鼻淚管下端的胚胎殘膜沒有退化，阻塞鼻淚管下端，導致淚液和細菌留在淚囊內，引起繼發性感染所致。約有 2 至 4% 足月產嬰兒有此種殘膜阻塞，但絕大多數殘膜可在出生後 4 至 6 周內自行萎縮而恢復通暢。因骨性鼻淚管發育不良、狹窄所致者較為少見。

懶惰眼
視力差距所致

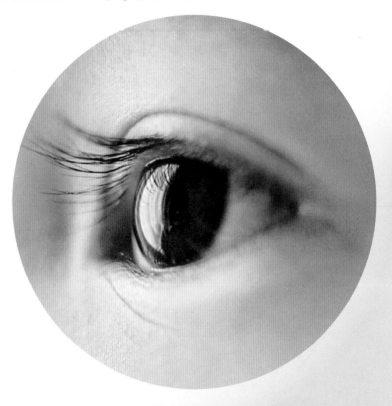

弱視又稱為「懶惰眼」，是小朋友常見的視力問題。簡單來說，是指小朋友兩隻眼視力的差距，在視力圖上相差兩行或以上；或兩隻眼的視力都比較差，即使透過正確度數的眼鏡矯正，視力也未能達至正常水平。想減少弱視對小朋友的長遠影響，最重要的是及早檢查，並且在黃金期內進行治療。

「鴛鴦眼」是弱視原因

　　如何知道小朋友的一對眼睛視力出現視力的差距？眼科專科醫生湯文傑表示，透過視力圖便能顯示清楚，若是視力在圖上顯示相差兩行或以上；或一對眼睛的視力均比較差，例如出現近視、遠視或散光。以上兩個定義，只需要符合其中一個，已經可以診斷為弱視。

　　小朋友弱視的原因有很多，首先可能是結構性原因，例如有先天性白內障、眼皮下垂，或者比較罕見的眼癌等，形成眼睛結構問題，於是看東西不清楚。另一原因是兩隻眼睛「鴛鴦眼」的情況比較嚴重，例如一隻眼睛遠視、一隻眼睛近視；或一隻眼睛正常，一隻眼睛有很嚴重的散光。

斜視也可變弱視

　　除此之外，若小朋友一對眼睛同時有深遠視，例如大約達700度，也有機會影響眼睛的發育，所以都屬於弱視的一個成因。最後就是斜視（鬥雞眼），如果小朋友其中一隻眼斜視的話，一對眼睛看到的影像不一樣，大腦漸漸就會放棄「壞眼」接收到的影像，變成只得「好眼」正常看東西，這種情況也屬於弱視。

弱視也和腦發育有關

　　湯文傑醫生表示，要注意的是不論基於上述哪些原因，弱視的形成，最後都關乎大腦發育和眼球發育的連繫，而並非只是眼球結構的問題。因為小朋友的大腦和眼球雙方有一條無形的線連繫着，不論眼睛結構、「鴛鴦眼」、斜視等任何問題，導致眼睛接收的信號未能被大腦接收到的話，腦部不可以如常發育，於是便會導致弱視的問題出現。

父母細心觀察可發現

　　要及早發現小朋友弱視，最有效的方法是做眼部檢查。其實衛生署為 4 歲起的小朋友設有篩查，父母可帶子女到一般母嬰健康院，作一個初步的評估，檢查視力的情況，包括有沒有弱視。父母則多加注意及觀察，留意他們雙眼會否不能聚焦在同一個物件上，眼珠好像跳開了，或者眼皮下垂，又或見到眼珠中間有點白色，或者見到他們的眼球有顫動的情況，便應帶他們諮詢醫生。

眼敏感

或令散光加深

　　香港天氣又濕又熱，很容易令人出現不同的敏感問題。其中孩子便最常出現眼痕、流眼水、捽眼等，這些都可能是由眼敏感引起的。建議家長多觀察孩子的情況，減低他們接觸致敏原的機會，以免孩子因胡亂捽眼而引致角膜炎，影響視力。

敏感分兩種

眼科專科醫生湯文傑表示，眼敏感主要分為季節性和全年性兩種，前者多因環境、天氣所致，例如空氣中的花粉；而後者的成因多為室內致敏原，如寵物毛髮、香水、油漆當中的化學物、塵蟎等。臨床所見，約 5 個孩子便有一個出現眼敏感症狀，包括眼痕、眼痛、眼紅、流眼水、有異物感等，若本身已有其他敏感，例如哮喘、鼻敏感、濕疹等，出現眼敏感的機會更高。

損害視力

眼敏感可嚴重影響孩子的健康和成長，因為孩子或難以忍受眼睛痕癢而經常捽眼，長遠有機會令眼皮鬆弛墮下，嚴重更會損害角膜，令散光度數加深，一旦受細菌感染，甚至引起角膜發炎，留下疤痕，更嚴重會增加致盲風險。持續的眼睛痕癢會令孩子難以入睡，無法集中精神上課及溫習，導致成績倒退。由此可見，眼敏感影響深遠，家長不容忽視。

遠離致敏原

所謂預防勝於治療，家長應多觀察孩子的情況，從日常生活入手，減低孩子接觸致敏原的機會，例如動物毛髮、塵埃、地氈等。攝氏 20 至 30 度，以及濕度 60% 或以上最容易令塵蟎滋生，因此建議家長使用攝氏 60 度或以上熱水，來清潔床單、被鋪及毛公仔，同時，維持家中濕度在 50% 或以下。

使用抗組織胺

倘若孩子的症狀持續，家長應該帶他們求診，醫生會根據孩子的病情處方含「抗組織胺」成份的眼藥水，或無防腐劑的滋潤藥水來紓緩眼睛痕癢的問題，而含有「肥大細胞穩定劑」的藥水，則可預防眼睛敏感復發。若是情況嚴重，也會處方輕度類固醇藥水作短暫治療，以防長期使用增加患上白內障或青光眼的風險。

亂用眼藥水後果嚴重

眼睛感到痕癢，有機會是角膜炎、紅眼症等問題，如果用錯藥物，不但沒法減輕病情，更可能令問題惡化。因此，如果孩子出現仟何問題，家長應盡快帶他們求診，接受適當治療，不應隨便在坊間自行購買眼藥水給孩子使用，以免令病情惡化。

專家顧問：眼科專科醫生湯文傑

紅眼症
由病毒引起

由於冬季溫度較低，加上少接觸陽光的機會，而且冬季的過敏原尤其多，因而增加孩子患上紅眼症的機會。為了減少受感染，家長應叮囑孩子勤洗手，以及避免觸摸眼睛，減少到人多的地方，這樣才能減低患病的機會。

經由直接接觸傳染

眼科專科醫生湯文傑表示，紅眼症又稱為結膜炎，患者以兒童居多。結膜炎患童常伴隨有過敏性皮膚炎、鼻炎和氣喘等過敏疾病。

紅眼症最常由病毒（包括導致 COVID-19 的冠狀病毒）和細菌引起，它也可能由過敏原或如煙霧、氯或污垢刺激物引起。不過，紅眼症在冬天更常見的原因，是因為它是通過直接接觸傳播，它可以很容易經由被細菌或病毒性疾病感染，如感冒或流感的患者傳染，這種情況在天氣寒冷的月份十分常見。與感染者或他們接觸過的表面接觸後，倘若沒有清潔雙手，然後觸摸眼睛，便有機會受感染而患上紅眼症。此外，在寒冷的月份，人們較少機會暴露在陽光下，這樣會導致減少吸收維他命 D，削弱免疫系統，增加患病的機會。因此，家長必須注意衞生，提醒孩子勤清潔雙手，不要胡亂觸摸眼睛。

冬季過敏原多

一年四季都充斥着許多過敏原，於冬天情況更甚，例如塵蟎、蟑螂和動物皮屑。雖然家長可以盡量減少孩子接觸季節性過敏原的機會，但對於常見過敏原則並不容易避免，尤其是在冬季。冬季溫度降低，會導致過敏原在室內停留的時間增加，加上室內空氣交換減少，從而增加孩子接觸過敏原的機會。

孩子患上紅眼症，主要與免疫球蛋白 E、肥胖細胞媒介過程有重大關聯。免疫系統、基因和環境三者互相間的複雜反應，導致孩子患此病。

有機會復發

結膜炎感染可持續 10 天至兩周，即使康復了仍有復發的機會。湯醫生表示，醫生會根據患童的病因和嚴重程度來治療。他說紅眼症有多種治療方式，如患童屬於輕度或中度病情，醫生會建議他們使用冷敷和不含防腐劑的人工淚液；如果患童的情況較為嚴重，則會使用類固醇或抗炎眼藥水。在治療上，多採用症狀治療，以減輕不適。如果症狀輕微，會以局部點抗組織胺眼藥和肥胖細胞安定劑的眼藥，現時有新的治療方法，就是雙重作用的眼藥，例如 olopatadine 及 ketotifen。

專家顧問：眼科視光學博士李一婷

用電子產品
護眼 3 法則

電子產品已成為了現今孩子生活中無可避免的一部份，加上有些忙碌的父母為求讓孩子認真學習或避免他們干擾自己工作，更會以電玩作為妥協。然而，值得注意的是，電子產品對小朋友的危害，尤其是眼睛，絕對是不容忽視！

視覺疲勞 容易造成近視

眼科視光學博士李一婷表示，小孩較成人更容易因過度使用電子產品而出現屈光不正的問題。由於小孩的視覺系統發育還未成熟，控制眼睛閉合的肌肉和瞳孔的收縮能力不如成人，他們一般要到十二、三歲，眼球發育才接近成人。故此，小孩使用電子產品更容易比成年人產生視覺疲勞，日積月累便會造成近視。

除生理因素外，小朋友日常一些生活習慣亦讓他們容易出現近視。首先，年幼孩子較缺乏自律性，容易將專注力過度放在自己喜愛的事物上，例如喜愛玩平板電腦、遊戲機等。然而，當眼睛不間斷地對焦在一個特定距離的時候，眼內的睫狀肌肉會出現疲勞，造成肌肉痙攣、假性近視等現象，久而久之便會造成近視。

定期驗眼好重要

小孩的適應力亦較大人強，以致他們容易習慣和忽略電子產品對眼睛帶來的不適。李一婷表示，臨床上，我們不時會接觸到一些第一次驗眼便發現有中等甚至深近視的小朋友。在問診的時候，他們都會說眼睛看得很清楚，在學校抄寫功課時沒有任何問題。

然而，當我們再驗下去，家長才會發現小朋友在沒有戴眼鏡的情況下，視力原來才有20至30%，度數將近200度。由此可見，年幼的小孩較能忍受和忽略近視所帶來視力模糊。若非家長帶他們驗眼，讓他們戴合適度數的眼鏡來看清晰的影像，他們往往會誤以為模糊的感覺是正常的，並繼續長時間使用電子產品，以致度數繼續加深。

屏幕亮度要留意

很多家長都喜歡讓小朋友在他們的書房使用電腦。然而，由於小朋友身高較矮，若電腦枱較高時，小朋友變相便要向上望才能看到電腦屏幕，這是一個不好的習慣。事實上，合適的做法是把電腦屏幕放在小朋友眼睛15度角以下。此外，不少家長認為電腦屏幕的亮度是越光越好。

然而，過亮的屏幕其實會產生大量刺眼的眩光，影響眼睛對光線調節的能力，反而造成不適。故此，合適的做法是把屏幕亮度調節到室內光線的一半。

Part 3

耳 鼻 喉 科

打鼻鼾有甚麼問題？腮腺炎是否高傳染？

鼻敏感是否遺傳？這些問題，困擾不少父母。

本章請來耳鼻喉專科醫生，為你逐一解答。

專家顧問：耳鼻喉科專科醫生邱騏驄

鼻竇炎
由細菌引起

幼兒平均一年會有 6 至 10 次出現上呼吸道感染，而鼻竇炎很多時候都在上呼吸道感染後衍生出來。大約有百分之 3 至 5 的小朋友曾經患上鼻竇炎。受細菌感染的鼻竇有機會將炎症擴散到其他鼻竇，甚至出現併發症，影響附近的器官，如眼部、腦部等，家長絕對不容忽視。

嚴重者感染其他器官

　　一般來說，小至 5、6 歲的小朋友，大至成年人都有機會患上鼻竇炎，邱醫生表示，小朋友患上鼻竇炎會較成年人多出現併發症。「因為小朋友的生長還未完全成熟，鼻竇的感染有機會影響附近的器官，伸延至眼睛、腦部等，甚至細菌擴散到身體其他部位，因而引起眼部感染或者積膿，嚴重者甚至有機會出現腦膜炎的情況，所以小朋友出現鼻竇炎的情況不容忽視。」

診斷及治療

　　治療方面，邱醫生表示，很多時候會先使用抗生素。「有時會服用口服抗生素，也有機會使用靜脈注射抗生素，主要視乎小朋友不同年紀使用不同的劑量。」邱醫生又謂，也有使用鼻清洗劑，例如利用鹽水洗鼻，以及使用鼻類固醇噴劑。又或處方口服類固醇，藉此改善慢性鼻竇炎的情況。「除了藥物治療，也會有一些另類治療，例如生物製劑，這是比較新的治療方法。另外，若屬慢性鼻竇炎，情況持續沒有改善，以及藥物控制不到時，就有可能需要進行手術。」邱醫生解釋，手術的方法乃進行功能性鼻竇窺鏡手術，如此可將鼻竇出口位打通，清除鼻腔內的發炎組織。又或者有如通波仔般，有一個汽球將鼻竇出口位擴闊，好讓分泌物容易流出。「主要視乎是屬於急性還是慢性，若是急性，一般服用一個療程的藥物即可。但若在服藥後還未能夠完全治理，並且維持 12 星期還不斷尾，變成慢性鼻竇炎的話，就有需要接受另類治療或手術治療。」

預防及護理

　　鼻竇炎的成因多，常見有鼻竇阻塞、慢性鼻炎、細菌感染及傷風感冒病毒等，近年肆虐的新冠肺炎也會有機會引發鼻竇炎，邱醫生提醒，日常注意避免受到上呼吸道感染，以及鼻竇出現炎症，保持鼻腔清潔以及控制好慢性鼻炎，從而減低鼻竇炎的出現。「鼻竇炎對小朋友來說都是嚴重病症，可以出現後遺症及併發症，若發現小朋友出現鼻竇炎病徵要馬上就醫，千萬別自行在家處理。另外，若小朋友本身有鼻敏感，經常流鼻涕，宜依照醫生處方使用適當濃度的清洗劑洗鼻，如發現小朋友的鼻涕由清變濃，應盡快就醫檢查清楚。」

專家顧問：耳鼻喉科專科醫生周振權

腮腺炎
群體聚集易傳染

　　腮腺炎患者不限年齡，但以小童發病較普遍，常見發病年齡為 3 至 8 歲。其中復發性腮腺炎較多見，一年發作三、四次，非常頻密。病毒導致的腮腺炎除影響患者，也可能傳染他人。傳播途徑通常為接觸傳染，易在群體聚集的地方傳染。孩子腮腺炎發作令家長非常擔心，壓力很大。

腮腺位置

腮腺是人體三大口水腺（腮腺、下頜下腺和舌下腺）中最大的口水腺，口水腺負責製造唾液及幫助分解食物。腮腺位於耳朵前方和下方，下頜後端。

發作時腮腺腫痛 食慾不振

腮腺炎的病徵包括腮腺腫痛、發熱、發燒及食慾不振、無法進食等。腮腺炎發作亦影響孩子日常活動如上學、社交。腮腺炎具傳染性，因此小朋友患病時不應上學以免傳播疾病。

病因不同的腮腺炎發作前有不同表現：感染所引起的腮腺炎，發作前一周會有上呼吸道感染所致的傷風感冒的徵狀，包括喉嚨痛、發燒、咳嗽。自身免疫系統疾病誘發的腮腺炎會有其免疫系統疾病的徵狀，比如患免疫系統病紅斑狼瘡的患者會皮膚出疹。

復發性腮腺炎 情況反覆

腮腺炎有不同成因，包括病毒感染、細菌感染、復發性腮腺炎以及其他原因所致。

❶ 病毒感染，即過濾性病毒的感染

以往常見的流行性腮腺炎，又稱「痄腮」，因已有含流行性腮腺炎的疫苗可接種，現時相對少見。但其他上呼吸道感染的病毒同樣有機會導致腮腺炎。

❷ 細菌感染

病菌導致的腮腺炎患者發燒會較嚴重，而病毒感染所致的腮腺炎通常有輕微發熱（38.5°C 以下）、咳嗽、腮腺腫脹的症狀。有些情況是爛牙的病菌感染到腮腺所致，小朋友會發燒及有機會長膿瘡。

❸ 復發性腮腺炎

多發生在小朋友 3 至 5 歲時，腮腺反覆發炎，令家長非常擔心，多數 5 歲後就慢慢不再發作。復發性腮腺炎沒有原因，經檢驗沒有發現細菌、病毒、免疫性抗體。

其他原因包括腮腺結構不良、口水腺結石導致腮腺阻塞。

年紀稍長，11 至 12 歲左右的孩子有機會因自身免疫系統疾病誘發腮腺炎，常見自身免疫系統疾病如口乾症、紅斑狼瘡等。

病菌導致的腮腺炎患者發燒較嚴重。

確診與治療

外觀上可觀察到單側或兩側腮腺紅腫，通過超聲波檢查、驗血及了解結構原因可幫助確診。

腮腺炎無特定療法，但可處方藥物幫助緩解不適。通過服用止痛藥、退燒藥，約 5 至 7 日症狀會緩解，家長不需太過擔心。照料小朋友時，在飲食上提醒小朋友多喝水，進食困難可準備流質餐，多陪伴孩子。

病菌如金黃葡萄球菌所致的腮腺炎就需注射抗生素。若注射抗生素後仍有腮腺腫脹、發燒的情況，或者有生瘡的情況就需進行手術。

如何預防

第一，接種含流行性腮腺炎的疫苗可有效地預防流行性腮腺炎。第二，減少去人流稠密地方。

鼻敏感
遺傳關係最大

　　鼻敏感是一種常見的敏感病，成人和幼兒均會患上，本港鼻敏感的患者比率更佔了人口的三成。特別是到了轉季時候，鼻敏感更容易發作。那麼大家對這個相伴左右的鼻敏感又了解多少呢？現由耳鼻喉科專科醫生為各位一一講解。

鼻黏膜碰到致敏原

耳鼻喉科專科醫生洪致偉表示，鼻敏感是敏感病的其中一種，而敏感病是免疫系統對某些物質產生過敏的反應，肺部、皮膚、眼睛、鼻子等均有可能出現過敏症狀，例如幼兒當中常見的濕疹是皮膚敏感的一種，哮喘則是肺部敏感。鼻敏感是指鼻黏膜對環境中的致敏原產生過敏的反應，典型症狀包括打噴嚏、流鼻水、鼻水倒流及鼻水倒流引起的咳嗽、鼻塞、紅眼症和嗅覺減弱等。

鼻敏感可遺傳

幼兒是否容易患有鼻敏感，和父母有莫大關連。即如果父母雙方均有鼻敏感問題，幼兒將有 70% 的機率會出現鼻敏感，但鼻敏感在幼兒當中的普遍程度遠高於成人，說明隨着年齡的增長，鼻敏感是有機會得到改善的。

為何轉季鼻敏感易誘發？

轉季時氣溫轉變明顯，身體需要時間適應，此時免疫系統會下降，對致敏原的反應會更強烈。其次，夏季長期開冷氣，而冷氣隔槽當中可能藏有塵蟎，從而加劇鼻敏感發作。此外，環境污染亦會加劇鼻敏感情況，洪醫生表示，在台灣、泰國、英國和香港等發達城市，鼻敏感的情況較嚴重；而相對較不發達的國家和地區，鼻敏感會較少見。

鼻敏感的治療

- 關於日常護理，洪醫生建議，患兒應避免及遠離致敏原，例如塵蟎、食物、花粉等。父母注意清潔床鋪及毛公仔，保持家居清潔。此外，戴口罩有助於減緩鼻敏感發作。
- 鼻敏感發作時，可以採用鼻沖洗劑或口服藥物紓緩。鼻沖洗劑能有效沖洗鼻腔內的致敏原和鼻黏液，幫助紓緩鼻敏感症狀。
- 局部類固醇鼻噴劑是目前治療鼻敏感的主要藥物，不會被身體吸收或進入血液循環系統，安全有效。
- 可嘗試脫敏治療，原理是讓身體逐漸適應致敏原，主要包括舌下免疫治療或注射兩種方法，若選用舌下治療，需每日將少量致敏原放於舌底含至少 1 分鐘，令身體逐漸產生相關的 IgG 抗體；若採用注射，每隔 6 至 16 日便需要注射一次，堅持 3 至 5 年。

中耳炎

耳仔痛、愛哭鬧

　　原來 6 歲以下小孩最容易感染中耳炎，這疾病最討厭之處，就是患者容易反覆復發。請爸媽特別留意，當幼兒出現耳朵痛、哭鬧不停，甚至發燒症狀，那麼有機會是中耳炎作怪！以下由耳鼻喉科專科醫生何的煒為家長詳細講解中耳炎的成因。

兒童較易患中耳炎？

中耳炎指的是中耳腔的發炎反應，這發炎是由於中耳受細菌或病毒感染造成，可以只發生在一側耳朵，也可以同時發生在兩側耳朵。何的煒醫生指有 2 個幼兒年齡層，是最常出現中耳炎，分別是 6 個月至 1 歲半、4 至 6 歲。中耳炎引起的其中一大原因，是孩子的耳咽管尚未發育完成。與成人相比，幼兒的耳咽管較短，所以一旦孩子患感冒或是長期過敏，帶有細菌或病毒的鼻咽分泌物，會比成人容易經由耳咽管進入中耳空間，導致中耳腔發炎。因此有時候我們會稱中耳炎是一個小孩子的病，因為成人比較少感冒，耳咽管也較垂直、長、有彈性，因此中耳炎在孩子 6 歲後，以及成人階段，是相對較少見的。

中耳炎症狀

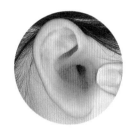

何醫生表示，幼兒患中耳炎最初的徵狀和感冒很相似，常常會發熱，伴有流涕、鼻塞或咳嗽，偶爾有輕微噁心、嘔吐、食慾不振。年紀稍大的孩子會明確向家長投訴「耳朵痛」；較小的幼兒卻因為不會表達，所以家長想知道小朋友是不是患上了中耳炎，可看看小朋友會否情緒暴躁，又會否經常用手去拉扯或摩擦有問題的耳朵，甚至會以哭鬧、煩躁不安、夜啼等方式來表達。

傷風感冒要留神

耳朵發炎是嬰幼兒常見疾病，常常因為感冒後而併發，是許多爸媽揮之不去的夢魘，想要完全避免感冒，實際上又不太可能。成年人普通流鼻水、鼻涕，或許能自行痊癒，沒甚麼大不了；不過若發生在幼童身上，當感染出現於鼻、喉嚨位置，短時間還出現發燒，便有可能延上至耳朵，誘發中耳炎，若不及時處理，嚴重可致失聰。

治療中耳炎方法

幼兒一旦診斷確定患有中耳炎，何醫生建議會給予適當的抗生素治療，或能減輕耳痛和退燒、消炎的藥物。家長要留意的是，患者必須遵照醫生指示完成整個療程，以免中耳炎復發或轉變成慢性發炎，甚至引發更嚴重的併發症。如幼兒仍是高燒不退、耳痛不減、中耳積聚膿液，以致耳膜嚴重腫脹，就要進行鼓膜切開手術將膿液抽出。

睡眠窒息症
幼兒也會患

患上睡眠窒息症，是否有機會在睡覺時突然死去呢？
這個病症並不只發生於成年人身上，即使是兩歲大的幼兒，
也有機會患上睡眠窒息症。如果從小朋友的日常生活中發現
病徵，就應及早求診，針對病因作出相應治療。

孩子患病了嗎？

　　雖然透過睡眠測試，可以判斷小朋友是否患上睡眠窒息症，但耳鼻喉科專科醫生何頌偉指出，讓幼兒進行睡眠測試，未必能夠反映實際情況。他解釋，由於測試者需要貼上一系列檢測儀器的電線，並要留院睡一晚，對於愛動來動去的孩子而言甚有難度，故測試結果有機會存在不確定性。家長如擔心孩子患上「睡眠窒息症」，可以先帶子女求診，讓醫生作臨床檢查，切忌「估估下」。另外，父母如能提供日常睡眠期間攝錄的片段，記錄孩子打鼻鼾的聲音，或張開口睡覺的模樣，這些資訊也有助醫生斷症。

三大致病成因

　　構成睡眠窒息症主要有三大成因。鼻敏感是都市人常見問題，小朋友也不例外，這也是導致鼻腔阻塞及打鼻鼾的成因。另外，扁桃腺和增殖體肥大也會阻礙呼吸道。如孩子具有以上兩種問題，加上體型較為肥胖，就有更大機會患病。

日夜各有不同病徵

　　睡眠窒息症患者不但會於睡眠時大聲打鼻鼾，還會出現突然停止呼吸等徵狀。因為扁桃腺阻塞，躺平睡覺或會感到不適，所以有些患者會選擇趴睡。一些不尋常的日常舉動，也有可能是孩子患上睡眠窒息症的徵兆，例如孩子日間過度活躍、專注力不足。如幼兒持續出現吞嚥困難、進食速度減慢等情況，也可能是因為扁桃腺肥大而引起。

影響孩子身心健康

　　有些家長擔心如果孩子患上睡眠窒息症，是不是有機會在睡夢中突然死去呢？其實這個病是不會即時致命，但日積月累下，這個病會對孩子的身心健康構成負面影響。由於兒童期的生長激素主要在睡眠過程中的慢波期（即深層睡覺）期間分泌，呼吸道阻塞會影響幼童的睡眠周期，抑制他們正常地發育，導致他們的體型較為瘦小。此外，亦有研究指出，患有睡眠窒息症的兒童，成年後患上高血壓的風險較一般人高。

　　長遠而言，這個病不但影響學業，更可能引伸出社交、情緒問題。長期用口呼吸還會對外觀造成影響，拉扁了眼睛與嘴巴之間的位置，門牙亦會向外翻，構成「腺樣體臉型」。

專家顧問：耳鼻喉科專科醫生黃漢威

鼻瘜肉
狀如一串提子

出現鼻塞、流鼻水，不要認為只是普通鼻敏感，也有機會是長了鼻瘜肉。鼻瘜肉是常見的鼻病，不易察覺，且有機會為惡性瘜肉。為何會出現鼻瘜肉，鼻瘜肉又會帶來甚麼影響？以下由耳鼻喉科專科醫生詳細講解。

患鼻瘜息肉會有鼻敏感症狀，如打噴嚏。

鼻敏感可引致鼻瘜肉

目前尚未研究到鼻瘜肉的確切成因，但通常認為這可能與家族遺傳有關，亦有機會因鼻敏感引致發炎而導致觸發鼻瘜肉。

患鼻瘜肉 4 大影響：

❶ 一般有鼻敏感症狀，會流鼻水、鼻塞。
❷ 鼻塞嚴重導致呼吸不順暢、影響睡眠質素。
❸ 嗅覺受影響不靈敏。
❹ 堵塞鼻竇出口，引致急性鼻竇炎、慢性鼻竇炎。鼻子常有帶黃色、綠色，有臭味的分泌物，甚至帶血絲。

如何治療？

家長如果發現孩子打鼻鼾的情況比較嚴重，或鼻敏感的症狀較為嚴重，要留心是否患有瘜肉。兒童如患鼻瘜肉，多為良性瘜肉，一般可用藥物處理。常用的藥物為噴鼻式類固醇，較溫和安全，並獲得 FDA（美國食物及藥品管理局）認可，孩子達 2 歲以上就可使用該類藥物。兒童鼻部的問題較少以手術方式處理，亦

長鼻瘜肉對睡眠質素也有影響。

不建議手術處理，因為手術可能會影響鼻骨發育，而且涉及全身麻醉有風險。

日常生活預防措施

　　蟎蟲、塵埃是鼻敏感最大敵人，因此在家居上，從床上用品至房間角落都要做好清潔措施。家長首先要定期清洗床單、枕套，每周至少更換一次；床上不要擺放雜物，尤其是毛公仔。而對於房間衞生，首先是要打掃乾淨，也建議可以放置空氣清新機，以過濾塵蟎。房間濕度同樣重要，應保持在 60% 左右為佳，太濕容易產生霉菌。潮濕天氣時，蟎蟲也會滋生得較快。最後要留意的是，孩子患鼻敏感，便盡量不要讓寵物進入房間。

甚麼是鼻瘜肉？

　　黃漢威醫生表示，鼻瘜肉是長於鼻腔內的增生組織，形狀如一串串提子，可能會不斷增大。當增大至一定水平擋住呼吸道，有機會出現打鼻鼾、鼻竇炎等併發症。鼻瘜肉一般分為良性瘜肉和惡性瘜肉兩類，良性瘜肉大部份與鼻敏感有關，有鼻敏感症狀，同時有打噴嚏、流鼻水、鼻塞的情況。良性瘜肉多數同時發生在兩邊鼻道，如果單邊鼻道出現鼻瘜肉，且沒有鼻敏感症狀，就要留意是否為腫瘤性的鼻瘜肉，需要盡早進行化驗，以排除為腫瘤的可能性。

專家顧問：耳鼻喉科專科醫生黃漢威

鼻中隔彎曲
挫鼻致變形

　　鼻中隔主要由硬骨及軟骨兩部份構成，是從中間將鼻腔分割成左右兩個通道的骨板，對鼻腔的生理功能及鼻部的外型起着重要作用。如果鼻中隔不在正中位置、出現彎曲問題，便稱為鼻中隔彎曲。嚴重的鼻中隔彎曲會令患者的日常生活受到巨大困擾。

受擠壓、撞擊可令鼻中隔變形

較為常見的成因是由於鼻敏感而鼻水較多，小朋友經常不自覺地揢鼻。由於鼻子大部份由軟骨組成，小朋友的骨骼亦正處於發育階段，如果經常揢鼻，軟骨部份可能會出現裂痕或損傷，情況嚴重則有機會令鼻中隔變形，慢慢偏向一邊。如果揢鼻較多，鼻膜脆弱易受損，也有機會導致經常流鼻血。黃醫生提醒，當家長留意到小朋友鼻子癢的時候要勸喻他們不要揢鼻。但有時也不易控制，最好是盡快找到原因，如有需要應尋求合適治療。

當鼻中隔受到撞擊或擠壓，比如做運動時摔倒，撞裂或撞碎鼻中隔，這種情況下可能令鼻中隔直接變形，通常是受到強力撞擊。

分娩時用產鉗幫助生產的過程中，有可能導致嬰兒的鼻中隔受到創傷或有細小裂痕，隨着年紀增長，鼻子在生長過程中逐漸變形。

多會出現鼻敏感症狀

鼻中隔彎曲通常較難察覺，尤其是軟骨彎曲在外觀上很難觀察到異樣。鼻中隔彎曲，多數同時會出現鼻敏感症狀如流鼻水、鼻塞，亦會出現打噴嚏、鼻癢、流鼻血等情況，如導致疼痛、流黃色的鼻涕、發燒，即是已出現炎症。多數是小朋友的呼吸出現問題、晚上睡眠不佳，家長對小朋友的情況有所察覺時，應向醫生求助。如單純鼻中隔彎曲，偏移情況不嚴重亦沒有引起鼻敏感症狀，呼吸沒有受到影響，對睡眠、運動等日常生活各方面都沒有影響，可不用處理。

檢查及確診

通過儀器如鼻鏡進行檢查，基本上就可觀察到、能夠確診鼻中隔彎曲。

18 歲以上才考慮手術處理

❶ 9 成以上可通過藥物處理及治療，常用的藥物為抗敏藥，噴鼻類固醇。

❷ 保持鼻部衞生，比如以噴霧式洗鼻鹽水清潔鼻腔。

❸ 一般要到 18 至 22 歲，鼻部才發育完整、定型，因此建議 18 歲以上才考慮做手術，否則有可能影響鼻部的發育。而在手術後因鼻部有疤痕且鼻中隔仍處於生長中，日後仍有機會出現鼻中隔彎曲的情況。

專家顧問：耳鼻喉科專科醫生黃漢威

耳水不平衡
會引致耳鳴

　　耳水不平衡的正式學名為美尼爾氏綜合症，詳細成因暫時不明。黃漢威醫生提醒，現時不少人怕；對耳水不平衡的認識較為籠統，認為頭暈就是患上耳水不平衡。但頭暈只是耳水不平衡較常見的症狀之一，必須出現 3 個症狀且症狀反覆發作，才能確診為患上美尼爾氏綜合症。

耳水不平衡 3 個症狀

❶ 聽力浮動：聽力浮動在其他病症中較少出現，是比較特別的情況。聽力問題可分為兩大類，一類為傳導性問題，一類為神經性問題。傳導性問題，通常出現在中耳、外耳的部份，聲音震動耳膜後無法傳遞到內耳，耳垢過多堵塞外耳道或者中耳炎都屬傳導性問題。神經性問題，一般涉及內耳的耳蝸、神經線。耳水不平衡正是由於內耳毛細胞出現問題，屬神經性問題，這個病症的特色之一就是聽力浮動，時好時壞。

❷ 復發性暈眩：患者感到天旋地轉。值得注意的是，這種暈眩和普通的頭暈不同，頭暈在不同疾病中如低血壓、低血糖都會出現，而耳水不平衡的暈眩的情況則比較嚴重，指患者看到景物在轉或感覺自己在轉，即使閉上眼仍能感覺到轉動，有些患者情況較嚴重，會暈得作嘔作悶。黃醫生提醒，不同的頭暈狀況也值得留意和區分，如果眼前一黑或昏迷，一般與耳朵問題關係不大，通常是血管、心臟、腦中風等問題引致，建議及早求醫，確定病因。

❸ 耳鳴：患者會聽到嗡嗡的聲音，類似在密室中或在很安靜的環境下感到耳朵嗡嗡作響，而這些聲音只有患者本人聽到，其他人完全聽不到。

患者須出現以上 3 個症狀，才可以判斷為患有耳水不平衡。除了症狀上的判斷，醫生也會進行臨床檢查，包括檢查耳膜表面是否正常，通過聽力測試檢查是否存在聽力問題，在不同時間重複測試聽力會否有變動。一般也會進行磁力共振檢查腦部，以排除由於其他疾病如腦腫瘤而產生的相似症狀。

控制鹽份攝取

現時尚未有根治耳水不平衡的方法，不同因素都可能導致耳水不平衡復發，包括壓力過大、睡眠不足，也有研究發現進食鹽份過高的食物可能導致復發。為預防耳水不平衡或減低其復發機率，患者需在日常生活及飲食習慣方面多加留意，保持健康的生活作息，在飲食上需要控制鹽份攝取。

聲帶結節

大叫大喊所致

發覺小朋友聲音沙啞，或者可能出現聲帶結節的問題時，尤其是小朋友要準備面試的情況下，可能影響到面試的表現。黃漢威醫生提醒，盡快改變壞習慣，否則習慣使用不正確的方法發聲或過量用聲，聲帶結繭而又不改變講話模式，造成聲帶勞損、聲帶結節。

聲帶結節的原因

聲帶結節，通常因使用聲音不當所致。小朋友喜歡大叫大喊，由於不正確地或過量地用聲，令聲帶過份操勞，出現勞損性問題。尤其是和其他小朋友一起玩耍，更容易有長時間說話、大叫的情況。聲帶長期磨損，就如同走路走得多、跑得多，腳部會起繭，聲帶過份操勞、經常摩擦得太激烈，日積月累聲帶表面便會變厚、結繭。

聲帶結節的徵狀

主要徵狀為聲沙，聲音變得沙啞，越來越低沉。

治療方案

主要考慮言語及行為治療方面。

與大人的處理方法不同，小朋友聲帶結節的問題通常不建議用藥物處理以及手術處理。一方面，聲帶方面的手術需要進行全身麻醉，完成該類手術後聲帶需要一至兩星期休息，有一段時間完全不能講話。另一方面，如不改變行為問題，即使通過手術使症狀在短時期內得到改善，但小朋友仍持續性地大喊大叫，不懂得如何用聲音、用氣，聲帶節結仍然有可能會復發。需要了解問題出現的原因，再改正行為、慢慢改善情況，否則聲帶結節的問題仍然會出現。

因此，通常會先考慮轉介見言語治療師，在言語治療師的幫助下學習使用正確方法發聲、講話，多數情況下結節也會慢慢消失。

❶ 言語治療

言語治療師有專門方法訓練小朋友，也會從生活中入手，幫助小朋友掌握正確發音模式和技巧、說話方式，同時也需要家長配合。

❷ 行為方面

日常生活中，如果家長留意到小朋友尖叫、叫得太大聲或叫喊時間太長，多數情況是小朋友習慣大聲講話或者情緒失控易大聲哭鬧，家長需要幫忙控制情況，讓小朋友停下，以免聲帶過分操勞、磨損。

Part 4

對於孩子的皮膚問題，父母最熟悉的應是濕疹，

不過，其實還有不少皮膚問題，

例如疥瘡、口角炎、玫瑰疹等，都常出現在小朋友身上，

父母要好好了解一下。

疥瘡

由疥蟲引致

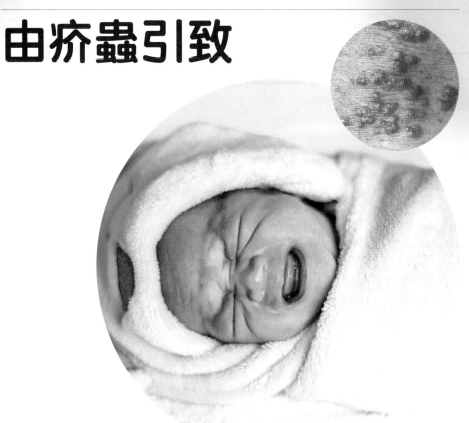

　　疥瘡是由疥蟲引起的皮膚病，小朋友患上疥瘡的時候，會感到十分痕癢。很多家長對疥瘡感到十分陌生，不知道為何小朋友會突然患上疥瘡。一旦患上疥瘡，要留意家中會不會有疥蟲的存在，並要徹底清潔家居以預防二次感染，以下由林嘉雯醫生為我們詳細分析。

成因：疥蟲的大便和蟲卵

林嘉雯醫生表示疥瘡是由疥蟲引起的，因為牠們會鑽入皮膚之中，所以患者會出現紅疹。疥蟲的大便和蟲卵都會令小朋友患上疥瘡，不一定要有蟲出現才會患上。疥瘡的傳染性很高，會傳染同住的人，所以小朋友患上疥瘡之後，同住的人都要一起治療。

腋下手腳特別痕癢

患上疥瘡的小朋友，會出現非常痕癢的紅疹，這是全身性的。腋下、手腳、指縫等部位會特別痕癢，因為疥蟲特別喜歡溫度高的地方，所以這些部位會比較嚴重。林嘉雯醫生表示若嬰兒患上疥瘡，其頭部、面部、頸部等部分都會特別嚴重。嬰兒的身上除了長出紅疹之外，還會出現水泡。凍敷的話可以幫助小朋友紓緩徵狀。把毛巾放入凍水，之後扭開，待毛巾乾透後再敷在患處便可以。患病期間小朋友情緒可能會較不穩定，如出現不斷喊、不能安睡等徵狀，身上的紅疹和濕疹十分相似。

萬一患上徹底消毒屋企

林嘉雯醫生表示小朋友感到十分痕癢的時候，就要立刻帶他們看醫生，醫生會為小朋友處方殺蟲藥、乳液和止癢藥，同時小朋友的照顧者也應該一同去治療。除了看醫生以外，也要保持家居清潔，用攝氏 60 至 70 度的熱水清潔小朋友的衣物，或是用調校至中度的熨斗來熨其衣服也可。如果鞋子無法清洗，就要用膠袋密封鞋子最少 2 個星期。此外，也要清潔家中的沙發，如果無法清潔，也要密封兩個星期。要保持家中的環境衛生，不可共用毛巾清潔。出現 2 次感染的話就十分麻煩，家長亦要主動幫小朋友剪指甲。

皮膚上疥蟲的走道

因為小嬰兒不懂得表達，家長可以多留意小朋友的情緒。他們會十分煩躁不安，覺得很不舒服，在晚上的時候更會感到特別癢。嬰兒患上疥瘡的情況下，有很大機會是由同住的家人傳染的。林嘉雯醫生表示家長可以看看家中有沒有其他人曾經患上疥瘡，有時在小朋友的皮膚上可能會發現有疥蟲在皮膚上走過的行道，家長可以多多觀察孩子的皮膚。

專家顧問：皮膚科專科醫生林嘉雯

毒性紅斑
胎毒要清走？

　　毒性紅斑有時會出現在新生兒身上，寶寶身上會有一塊塊紅色的斑，不少媽媽看了以後，都會感到十分害怕。老一輩認為這是媽媽在懷孕時沒有進行清胎毒所致，到底這些紅斑可以如何醫治，媽媽又是否需要在生產前進行清胎毒？以下由皮膚科專科醫生詳細分析。

受媽媽荷爾蒙影響

　　林嘉雯醫生表示，暫時未知為何新生兒會出現毒性紅斑，有些研究表示可能是受到媽媽荷爾蒙所影響，令幼兒身上或面上出現紅色丘疹。它們大部份是紅色或粉紅色，有些會有濃頭和黃白色的斑點。通常會在新生兒出生 2 至 3 天後出現，並在 1 星期後消失，丘疹大約 1 至 3 毫米左右。約 2 成小朋友身上會有胎毒問題，通常比較重的嬰兒，以及周歲比較大的嬰兒身上都有較大機會出現。不過他們只會出在面上和身上，並不會出現在手掌及腳掌上。

不需醫治 自行消失

　　由於毒性紅斑在出現不久之後就會消失，所以並不需要醫治。不過如果懷疑不是胎毒，醫生會診斷到底是甚麼樣的皮膚病，但是一般都不需要治理的，而且不會對孩子的身體造成影響。可是林醫生表示，孩子有時會在痊癒後復發，多數是在康復之後的 2 至 3 個月，不過爸爸媽媽不用過份擔心，因為並沒有太大影響，丘疹之後會慢慢消失。

勿亂清胎毒

　　有些人認為小朋友會出現毒性紅斑，可能是因為媽媽在懷孕期間沒有進行清胎毒所致，不過林醫生表示清胎毒是沒有科學實證，家長切勿輕易嘗試。她表示毒性紅斑在足月及較重的新生嬰兒比較常見，所以孕婦在懷孕時必須注意健康飲食、控制體重，避免有過重的情況出現。但是本身毒性紅斑是不需要治療的，是會自行消退的良性皮膚問題，只是病名有點嚇人，所以媽媽不需要冒險用這些方法去預防，最重要有均衡飲食、適量運動、保持心境開朗，這才是對寶寶的最佳選擇。

毒性紅斑等於胎毒？

　　林醫生表示毒性紅斑即是俗稱的胎毒，老一輩認為是孩子胎中的毒素所導致，不少長輩都會用一些偏方為孩子解決，例如用各種不同的草藥塗抹到小朋友面上，或者讓小朋友飲各種符水。不過林醫生表示，所有偏方在使用之前都應該先諮詢醫生的意見，否則可能反而造成過敏。而胎毒本身其實毋須治療，家長應該提醒長輩不用過份擔心。

熱痱
出汗太多所致

夏天一到，活潑好動的小朋友很容易就會滿頭大汗，
出太多汗有時更會導致熱痱。熱痱是否在夏天比較常見，
又會發作在甚麼地方？如果想要預防家長有甚麼可以做？
以下由林嘉雯醫生為我們詳細分析。

徵狀：紅色點點 小水泡

　　患上熱痱的小朋友會感到十分痕癢，小朋友的皮膚會上出現一點點的紅點，也會出現一些細小的水泡。有熱痱的小朋友如果用清潔的水抹身，他們會感到舒服一點。林嘉雯醫生表示在洗澡的時候，只要用溫和的沐浴露便可。如果已經出現熱痱，為了避免再次出現，可以讓小朋友隨身帶上一個小風扇。

有時會自行消退

　　林嘉雯醫生表示因為長出熱痱會非常痕癢，所以小朋友會一直想要抓自己的水泡。這時家長要盡量制止他們，因為如果小朋友抓傷了自己的水泡和皮膚，有可能會演變成濕疹，更嚴重的有可能會導致細菌感染，所以一定要制止他們。熱痱有時會自行消退，在出現熱痱之後，讓小朋友沖室溫水、並減少他們流汗的機會，就有機會會自然地消退，家長不用過份擔心。不過若然沒有自然地消退，一定要帶小朋友看醫生。

時刻留意會否太熱

　　要預防熱痱最好的是不要讓孩子流太多汗，不要讓小朋友太熱，也不要穿太多衫。林嘉雯醫生表示家長要時時刻刻留意小朋友的皮膚會不會太熱，如果見到他們有出汗，就要讓他們着少一點衫。建議家長可以把手伸入小朋友的衣服之中，只要一摸到有汗，就為小朋友除衫。衣服材質方面，最好選擇通爽的、棉質的，讓小朋友不會太大汗。平時在天氣比較炎熱的時間，家長應該開冷氣，為小朋友用冷水沖涼，以及多加更頻繁的為他們抹汗，以預防患上熱痱。

成因：着太多衫 出汗太多

　　林嘉雯醫生表示熱痱在夏天最常見，如果小朋友着太多衫就可能會出現，主要成因是出汗太多，令皮脂積在汗腺之中而引起。而主要好發在出汗多的部位，例如上身、頸部、背部等，家長可以多加留意這些地方。

專家顧問：皮膚科專科醫生顏佩欣

口角炎
當心舔嘴唇

　　有些人間中會出現「爛嘴角」的情況，這是在嘴角部位的皮膚炎症，即口角炎。為何會有這情況出現？其治理方法如何？在日常護理方面又有何需要注意的地方？且聽皮膚科專科醫生顏佩欣作一闡釋。

患者女性居多

　　值得留意的是，唇炎就診的病人，女性比男性多，這也許與女性較多與化妝品接觸有關。但唇炎會影響各個年齡階層，尤其是當我們身體抵抗力下降時會較易復發。免疫力較低的小童，亦特別容易受到感染，再加上幼童大多容易流口水，並且愛吮手指或奶嘴，也會容易誘發口角炎。此外，孕婦與哺乳期婦女由於對各類營養的需求量增大或因哺乳造成營養流失較快，患上口角炎的風險也較大。此時應特別注意飲食營養的均衡。

成因及病徵

　　常見引起口角炎的原因包括習慣性舔嘴唇、嘴角皮膚鬆弛下垂或有咬合不正問題，使口水容易積存、令嘴角潮濕，加上抵抗力不足，就會出現繼發感染，讓口腔中真菌(如念珠菌)、細菌（如金黃色葡萄球菌）等病原體感染口角部位。另外，飲食中如果缺乏維他命，尤其是維他命 B 群中的 B2 ，都可能引起口角炎。病徵方面，顏醫生指出，口角炎症狀集中在單側或雙側嘴角周圍，嘴角會出現紅腫 / 破裂、皮膚粗糙 / 脫皮、開口疼痛，甚至連飲食、說話都會感到疼痛而難以進食，影響日常生活。同時，口角炎會因病毒 / 細菌感染而出現水泡、白斑、潰爛等症狀；久而久之，會產生色素沈澱及放射紋裂縫。

預防及治療

　　談到預防及治療，顏醫生指出，想要改善口角炎問題，建議可從日常習慣做起。平日少舔嘴唇，可塗抹護唇膏避免嘴角過度乾燥、摩擦，油性的護唇膏也有助隔絕口水浸潤，以保護嘴角皮膚。均衡飲食，充足睡眠，定時運動也可以提升免疫力。如已經發生口角炎，首先應該及時就醫，如果化驗結果的確指向營養不良應注意糾正，然而，若已受到黴菌、細菌或病毒感染者，可以在醫生的指導下，搭配外用抗黴菌、細菌或病毒藥物，以幫助改善病徵。最後，平常應注意清潔患處的炎性滲出液，多用無刺激性的保濕產品進行護理。顏醫生又提醒，養成正確良好的口腔清潔衛生習慣，便可減輕發炎症狀。輕微口角炎初期，可以嘗試塗抹低敏感度潤唇膏以加強保濕，成份越少，越能減低致敏風險。避免帶有色彩的唇膏 / 彩、唇部磨砂膏等會刺激嘴唇或加劇炎症。

奶癬

反覆發癢發炎

寶寶的皮膚變紅、變腫、發癢、發炎，忍不住去抓，弄至破皮，媽媽看得心疼，原來是奶癬發作。奶癬又稱「小兒濕疹」，學名為「異位性皮膚炎」，屬於慢性皮膚炎，平均約 5 名兒童中便有一名有濕疹。且聽皮膚科專科醫生顏佩欣作一詳細解釋。

奶癬主要病徵

奶癬的病徵是皮膚會變紅及乾燥，事實上這時候皮膚的屏障已經出現問題。皮膚症狀由發紅、發腫、脫皮或脫屑到持續痕癢，小朋友會忍不住去抓，以至破皮、流組織液，甚至整片皮膚被細菌感染。「經搔癢後的皮膚會變得厚硬和粗糙，皮膚的天然屏障變得更脆弱，異位性皮膚炎也就更容易被誘發，成為反覆惡性循環。」

異位性皮膚炎的嬰兒期和兒童期症狀會有以下變化：

- **嬰兒期**：多發於臉頰、頸部、頭皮出現紅色皮疹，延伸到四肢伸展側，皮膚有輕微的脫屑和分泌物，抓破會形成痂皮。
- **兒童期**：範圍擴大，延伸到手足、四肢彎曲處和脖子，臉上反而較不明顯，皮膚變粗厚，嚴重時可能會蔓延全身。

治療及預防

濕疹病情可分為輕度、中度及嚴重，視乎發炎所佔身體面積及局部患處的發紅、增厚和脫皮情況而定。醫生會根據患者病情輕重決定所需治療：輕度至中度患者，一般建議避開致敏原，並使用外用藥膏；中度至嚴重患者或需要更進取的治療，包括光學治療、口服免疫系統抑制劑或生物製劑。其中濕疹外用藥膏包括類固醇及非類固醇兩類。預防方面，根據世衞建議，母乳含天然免疫分子，0 至 6 個月寶寶以純母乳餵哺有效預防濕疹。另外，肌膚保濕也不可忽視，科學研究證實，由初生開始每天塗搽滋潤保濕的潤膚膏，可減低濕疹出現機率高達 50%。避免長期胡亂戒口，令小朋友未能攝取足夠營養，影響成長及免疫系統等發展。

成因及出現

奶癬一般在小朋友滿月後出現，通常在嬰幼兒期比較嚴重。「奶癬並不會傳染，問題若處理得當，通常會隨着年紀增長而好轉。」顏醫生續指，奶癬是反覆發癢發炎的慢性皮膚病，發病主要成因並非由單一原因引起。「研究發現，異位性皮膚炎患者表皮結構鬆散，鎖水功能受損，因而減少阻隔外來的細菌及污染物的能力。由於表皮失去屏障的保護，當受到外來物質如塵蟎、動物毛髮、花粉等刺激時，容易引發敏感發炎。」另外，遺傳因素下會增加孩子患上濕疹的機會，而孩子本身屬於敏感體質，例如患有鼻敏感或哮喘，亦是患濕疹高危一族。

脂溢性皮膚炎

關油脂分泌事

　　寶寶頭皮屑多，原來是皮膚病的徵狀？除了頭皮以外，如果臉部、眉心等位置也開始出現脫皮問題，並有痕癢的感覺，有機會是患上了脂溢性皮膚炎。如果確診了，該如何處理呢？

頭泥和脫皮皆是常見病徵

脂溢性皮膚炎是其中一種濕疹，不但會出現於成人身上，初生寶寶也有機會患上這種皮膚病。皮膚科專科醫生陳厚毅表示，寶寶約半個月至 3 個月大時，便有機會開始出現病徵，但隨着寶寶慢慢長大，如果病情本來不太嚴重，就算沒有使用藥物治療，也有機會自然康復。

如患上脂溢性皮膚炎，病徵大多出現於頭部和臉部。初生嬰兒的頭上長了黃色、帶黏性的「頭泥」，便是常見的病徵之一。另外，患者的臉部、眉心、鼻樑等位置會出現紅腫、脫皮的情況，並感到痕癢。

患病成因不明

對於患病原因，暫時未明，除了因為患者的皮脂分泌較旺盛外，亦有指是因為受到屑牙菌感染，陳厚毅醫生指出，這種癬類菌在正常情況下，不會造成問題，但有些人卻會對這種癬類菌產生特別反應，引發皮屑、發炎等問題。另有說法表示，是基於患者母親身上的男性荷爾蒙較多，因而刺激了嬰兒的皮脂腺分泌。

切忌用力刮頭泥

想幫寶寶去除頭泥，可以先用橄欖油輕輕按摩頭部，待頭泥軟化後，然後沖洗便可；切忌用梳子等物品用力刮走頭泥，否則可能會弄傷寶寶幼嫩的肌膚，甚至因為出現傷口而受到感染。若然情況嚴重，脫皮或發炎的位置比較大，可找醫生處方低劑量的類固醇，以減低皮膚痕癢、紅疹反應。

毋須過度清潔

陳醫生認為，要控制皮脂分泌，也毋須過度清潔，只要讓寶寶的肌膚保持乾爽，勿過度悶熱便可。爸媽替寶寶洗頭時，應選用溫和、低刺激性的洗頭水，如具有保濕功效，亦有助溶解頭泥。有些家長認為，帶泡沫效果的洗頭水清潔力更強，但其實兩者是沒有關係的。另外，如臉部出現脫皮、敏感徵狀，亦要塗上具保濕功效而又成份溫和的潤膚膏。同時，每日適量地洗頭、洗臉便可，毋須因為擔心油脂過多而過度清洗，否則可能會造成反效果。

珍珠疣

小心傳染高

孩子身上長出一粒一粒有如珍珠般的小肉粒，小朋友感覺痕癢兼疼痛，忍不住用手去抓，令情況變得嚴重，並且越長越多，當心患上珍珠疣。小朋友患上珍珠疣，嚴重者珍珠疣的數量可超過 100 顆之多。主要由直接接觸受感染的患者或間接接觸傳染得來。

由痘病毒引起

　　珍珠疣別名傳染性軟疣（Molluscum Contagiosum），主要由痘病毒 (Pox virus) 引起。胡醫生表示，由於珍珠疣的皮膚表面很光滑，形狀一粒一粒有如小珍珠，故名為珍珠疣。「小朋友較容易染上珍珠疣，因為他們的免疫系統尚未發育得完善，容易受到感染。其實成年人也可以直接透過接觸，或者性接觸可感染得到，不過小朋友容易受到感染的機會則較高。」胡醫生又謂，珍珠疣較常出現在 10 歲以下的小朋友身上。此外，如果本身患有濕疹的小朋友，又或者免疫系統比較弱，以及需服用類固醇藥物的小朋友，他們的抵抗力會差一點，也會較容易患上珍珠疣。

長在身體潮濕位置

　　珍珠疣的直徑一般約為 2 至 6 毫米左右，表面光滑，有如一粒一粒的珍珠，顏色通常是白色或者肉色，疣的中央有時候會像肚臍般凹陷。「珍珠疣通常出現在身體比較潮濕的位置，例如身體上的一些摺位：腋下、股溝、膝蓋後面、大腿摺位等，疣的數量由幾粒至超過 100 粒不等。如果不去處理，尤其本身免疫系統比較差又或者濕疹患者，有機會長至全身都有。」此外，珍珠疣的位置如果抓損了，患者會出現疼楚及痕癢的感覺，嚴重者抓破損後或會出現繼發性的細菌感染，出現紅腫、發炎等情況，這時候就有需要服用抗生素來治理。

有效預防方法

　　珍珠疣的傳染途徑主要透過直接接觸患者的皮膚患處，或者接觸一些帶有病毒的物件而傳染得來，例如共用毛巾、衣服、枕頭、床單等。另外，小朋友的玩具，當接觸到也有機會傳播。預防感染的方法，就是必須經常洗手；注意個人衛生；避免共用毛巾；避免共用衣服等個人物品。此外，小朋友玩完玩具後，應該用 1:99 漂白水清洗及消毒。一旦感染珍珠疣，不要用手去抓珍珠疣的患處。「因為你觸摸患處後再接觸身體其他地方的話，便有機會將病毒傳染到身體其他地方。」胡醫生又提醒，患者痕癢時盡量不要用手去抓，以免抓傷皮膚，若出現癢痛，應求醫為上。

專家顧問：皮膚科專科醫生區志森

士多啤梨痣
女嬰多男嬰 3 倍

孩子出生，父母除了緊張嬰兒的健康狀況外，同時亦十分緊張孩子面上可有些礙眼的色素胎記等，擔心影響長相外觀。其中嬰兒血管瘤（下簡稱血管瘤）又稱士多啤梨痣，是嬰兒時期最常見的良性腫瘤和血管性胎記，發生於 1 至 2% 的嬰兒；早產及出生時體重較輕的嬰兒屬高危。

9 成 9 歲前消失

多發型則分佈於多個身體位置，如有多過 5 個血管瘤則較大機會有內臟血管瘤的發生。有 2 成的血管瘤於出生時已經存在，其餘的亦會在出生後數星期內出現。血管瘤隨後進入生長期，出生後首 5 個月生長速度最快， 到 1 歲時一般會停止生長，然後進入漫長的退化期。有 5 成會在 5 歲前消失，9 成會在 9 歲前消失。部份會留下疤痕、皮膚萎縮、脂肪纖維化、色素減退或血管擴張等痕跡。如血管瘤可於較早期自然消失，長遠遺下的皮膚痕跡就較少。

可致併發症

基本上血管瘤可憑臨床特徵診斷出來，只有少數需要用組織活檢來排除如血管性畸型或其他的軟組織腫瘤等病變；若主診醫生懷疑有相關器官異常，或有機會是內在器官出現血管瘤，需安排進一步檢查例如用磁力共振或超聲波檢查。約有 1 成半血管瘤會發生潰瘍，較常發生於血管瘤的生長期，如生長在鼻尖、頸、會陰和經常磨擦的位置就較易受影響，不單引致痛楚和流血，而且更會增加感染的機會。至於眼部周邊的血管瘤可引致弱視、散光、斜視，甚至視覺神經受壓等。如發生於外耳、鼻、嘴唇或其周邊位置，長遠有機會影響外觀。頭部的血管瘤康復後有機會留下疤痕，影響頭髮生長。如血管瘤發生於下巴、前頸和耳前等鬍子位置， 則有機會令嬰兒患有氣管道血管瘤引致到氣管阻塞。

家長要耐心面對

大部份血管瘤並不需要治療，但如出現併發症、影響面部重要器官或有影響外觀的風險，便需要接受治療。如出現潰瘍情況就應讓醫生檢查，傷口感染便需服用抗生素治療，亦要學習在家護理傷口。口服 β 受體阻斷劑 Propanolol 屬一線藥物，開始服用時需要留院密切監察血壓、心跳、血糖，有沒有氣管收縮的情況，之後醫生可於門診時小心調校劑量，療程一般為 6 至 12 個月。患有先天心率異常或哮喘病人並不適宜服用。一些細薄的表淺層血管瘤可考慮用外用 Timolol 藥水治療。口服類固醇因副作用較大，現在亦有其他口服藥物選擇，所以只有特殊的情況才會應用。手術較常用於處理殘存的疤痕和作整形改善外觀；脈衝染料激光則可處理潰瘍情況或血管瘤消散後殘存的微血管增生。

143

Part 5

小朋友愛跳跳紮紮，一不小心就容易碰傷，
甚至骨折。但骨折是否很難康復？
另外，本章也涉及 O 形腳、扁平足、
成長痛等有關骨科問題，父母不容錯過。

脊柱側彎
女孩比男孩多

當人站立時，若從背部看脊椎應排列成一直線。如患有脊柱側彎，脊骨會向左或右彎曲成「C」形或「S」形。脊柱側彎通常在約 10 歲時出現，有可能隨着兒童成長而惡化。女孩患脊柱側彎的機會比男孩高。脊柱側彎如情況嚴重，可能導致腰背痛，影響心肺功能。

原發性脊柱側彎最為常見

脊柱側彎可分為結構性和非結構性脊柱側彎，以結構性的脊柱側彎較為常見。兒童的脊柱側彎以結構性的原發性脊柱側彎最為常見，佔所有個案的 8 成半，成因不明確，但相信與遺傳有關，如父母患有脊柱側彎，子女亦會有較高風險。非結構性脊柱側彎與脊柱的結構改變無關，常見成因為姿勢不良、長短腳。

情況嚴重影響心肺功能

脊柱側彎多數沒有病徵，不會對日常生活構成太大影響。但當脊柱側彎角度增加，會在外觀上出現不同表徵比如高低膊、彎腰駝背，可能影響兒童及青少年的自信心。脊柱側彎如情況嚴重，有可能導致腰背痛，心肺功能受影響。

評估發育程度

對於原發性的脊柱側彎，治療目的是防止側彎情況惡化。導致原發性脊柱側彎惡化的頭號敵人是青春期期間身高迅速增加，因此醫生會了解小朋友的發育程度及骨骼成熟的程度，以評估惡化的可能性。如青春期已完結、骨骼發育成熟，出現惡化的機會就會減低，不需太過擔心。

發育程度可以透過身高、女性月經期、骨齡（可從手掌 X 光檢查中檢視）等評估。一般而言，女性會在 14 歲至 14 歲半停止發育，男性則是 16 歲至 16 歲半。女性在出現第一次月經後大約有兩年時間長高。而通過手掌的 X 光片了解生長板閉合程度，以評估骨骼發育程度、推斷骨齡，是各方法中最準確的。

如何治療

輕微的脊柱側彎即側彎角度如沒有超過 25 度，則不需治療，只需定期覆診，通過 X 光檢查觀察側彎情況有否惡化。

當側彎角度超過 25 度時，會建議配戴矯形支架，矯形支架需每天佩戴 23 小時，直至骨骼發育成熟。但要留意，使用矯形支架不代表能減低角度，而是盡量延緩側彎角度惡化。

嚴重的脊柱側彎，會建議進行手術治療，以防止脊柱側彎繼續惡化，並減低脊柱側彎的角度。

成長痛
並非一種病

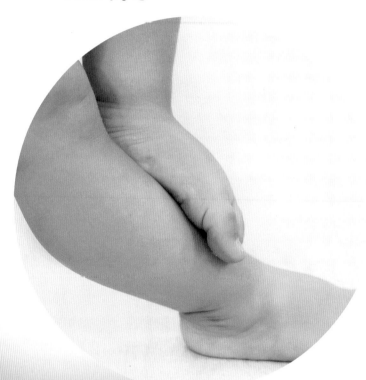

不少孩子在發育過程中，都會出現「成長痛」問題。
到底成長痛是甚麼一回事？骨科專科醫生指出，其實成長
痛並不算是疾病，他會細說相關資訊，讓各位家長對這種
情況有所認識，或能減輕顧慮。

常見於長高階段

大約 20 至 40% 的小朋友，在成長過程中，都曾經歷過「成長痛」。骨科專科醫生李崇義表示，成長痛是指孩子在成長時出現一些偶然性的痛楚，大多會影響腿部，並且於晚上發生。成長痛乃不定時發生的問題，每個孩子感到痛的程度，以及發作的頻密度也不一樣。

雖然成長痛與孩子長高並沒直接關係，但李醫生指出，這個問題最常見於 3 至 5 歲，以及 8 至 12 歲的孩子身上。在這兩個階段期間，孩子長高的速度最快，某些孩子可能在 5 歲後再沒感受到成長痛，但直至 8 歲後也有機會再次發生。

沒明確原因

李醫生亦指出，其實成長痛並不是一種疾病，至今也沒有明確的成因可以解釋為何會出現這種痛楚。惟不少出現成長痛的孩子，均在日間過度活動後，直至晚上快睡覺時，才突然感受到腿部不適。李醫生提醒，如果醫生診斷孩子只是成長痛問題，而痛楚也並非持續了太長時間，家長其實也不必過份擔心。

對稱性痛楚

當孩子經歷成長痛，會有一些典型的徵狀，例如在大腿前方、膝蓋後、腳踝等位置出現對稱性的痛楚，亦即雙腳也會感到不適，而非單腳。這些不適大多於晚上發生，痛楚或會持續數晚至一星期，但孩子於翌日醒來卻不會再感受到痛楚，能夠如常活動。同時，成長痛雖然會令孩子感到不適，但卻不會嚴重至影響走路。

要確定非關節病痛

對於成長痛，並沒有明確的診斷方法，但李醫生提醒，如果孩子感到腿部不適，可透過由醫生診症，從而排除孩子是否患上其他關節病痛的可能性，例如骨折、細菌感染、關節炎、骨頭長了腫瘤等問題。由於孩子未必能明確地指出不適的位置，故家長應進一步觀察。如果孩子痛得根本沒法走路，這絕對是個比成長痛更嚴重的問題。成長痛的徵狀大多是對稱的，而發炎或外傷，較常是單側出現的痛楚。如果傷口出現紅或腫，觸摸時有熱感，孩子甚至發燒，這有機會是因為發炎所致。

扁平足
隨成長會改善

　　兒童的扁平足相當常見，多數為柔軟性扁平足，是正常的發展過程，會隨年紀消失。骨科專科醫生陳慧聰介紹，扁平足或足弓高度，如同人的高矮肥瘦，是其中一種正常偏差，未有病徵前都屬正常偏差。多數小朋友沒有病徵，不屬於病態，通常不需要治療，家長亦不需要太過擔心。

多為柔軟性扁平足

兒童扁平足可分為柔軟性扁平足和僵硬性扁平足。柔軟性扁平足指足弓存在，但站立或走路負重時足弓下塌，令內側貼近地面，坐、臥時足弓則會重現。僵硬性扁平足指任何狀況下作檢查，都不見足弓存在。兒童扁平足多為柔軟性扁平足，屬生理性的問題，主要是由於足部韌帶未發育完成，加上肌肉力量不足，不足以承受身體重量，所以在站立或走路時，內側的足弓下塌。研究顯示，兩歲以下的小朋友基本上都有扁平足的狀況，但隨着足弓發育完成，情況會改善。一般生理性扁平足大多沒有病徵及任何不適，不需要治療。通過目測，可初步了解是否為柔軟性扁平足：小朋友不踩在地上時是否能看到足弓，如果在無負重的情況下足弓存在，踩在地上時足弓才消散，基本為柔軟性的扁平足。

除了柔軟性扁平足，也有僵硬性扁平足，比如先天性的距骨直垂或者跗骨黏合的情況，或需透過手術矯正，但情況不普遍。僵硬性的扁平足通常在出生時或者早期已發現，並需要及早處理。

可能影響運動表現

柔軟性的扁平足多數不會有任何病徵，但扁平足也有機會影響運動表現，比如長時間站立或走路足部容易疼痛及疲勞，易生腳繭，小腿痠痛，鞋子容易耗損，這些都是扁平足的病徵，但一般來說不會有長遠影響。

如何治療

僵硬性的扁平足一定要接受評估及治療，而柔軟性的扁平足，一般來說首先會建議家長留意小朋友是否有病徵，出現病徵可嘗試使用鞋墊紓緩，通過外在的輔助提升足弓。鞋墊主要可分為兩類，一類主要幫助卸壓，一類則包含矯形成份，相對偏厚。兩類型鞋墊都可考慮，同時家長需要留意，鞋墊主要是幫助患者紓緩病徵，並非起到改善足弓的作用，足弓隨成長有機會提升。絕大多數的情況下，扁平足的情況並不需要接受手術治療。

陳醫生提醒，如果小朋友有扁平足但沒有產生徵狀，大多數治療無論是物理治療或使用鞋墊都是不需要的。現階段沒有任何研究支持柔軟性的扁平足一定需要接受治療，做運動或者用矯形鞋墊，與將來足弓是否會回復到正常高度也未必有直接關聯。

幼兒骨折
3星期內康復

孩子都愛跑跑跳跳，在玩樂期間難免會跌倒，繼而引發脫臼或骨折等情況。骨折代表骨頭折斷或破裂，如果處理不當，日後或會影響孩子發育。醫生替孩子打石膏固定骨折位置後，家長還有甚麼要注意？

情況嚴重才會骨折

骨科專科醫生沙惠良表示，好動的孩子不時會跌倒，惟衝擊力一般不會太大，加上他們的骨頭具有很強的彈性，未必會有損傷。若然受傷，大多情況下皆是脫臼，太嚴重時才會引致骨折。縱然如此，沙惠良醫生提醒，孩子如在沒有防範的情況下跌倒，以肩膊先落地亦有機會跌斷鎖骨；若有防範，意圖用手支撐地面防止身體墜地，則有機會斷手肘或手腕等位置，視乎落地一刻的角度會傷及哪些位置。

骨折具不同徵狀

沙醫生表示，重創如開放性骨折，亦即受傷的骨頭外露，這種情況較為罕見。如骨頭明顯變形，例如屈曲成 45 度角甚至 90 度角，這也毋庸置疑。一旦骨折，骨頭會出血，繼而變得紅腫，孩子必定會喊痛。隱性骨折亦很常見，因為孩子的骨頭很軟，即使變曲了，像是快要斷掉但仍未斷掉；加上骨的外膜很厚，有助保護骨的形態，即使通過照 x 光也未必發現骨傷或折斷，需進行磁力共振再作檢查。

勿亂動傷者

遊樂場是孩子「放電」的地方，登上攀爬設施、盪鞦韆、踏滑板車，正是容易導致孩子骨折的活動。沙醫生認為，除非家長接受過專業的急救訓練，否則面對受傷的孩子時，應避免移動他們，以防傷勢惡化。若然幼兒手部受傷，家長或可用三角巾綁起孩子的手臂，避免再移動；如身上有傷口，家長可以替他們脫去或剪裁該部位的衣物，露出受傷的關節，以免衣物將傷口束得太緊。此外，有些家長為了安撫受傷的小孩，會給予糖果或飲品讓他們分神。沙醫生提醒，此舉非理想做法，因為孩子送院後，如需要進行麻醉並展開治療，屆時便要等待更長時間直至空腹狀態，耽誤了診治時間，只會令孩子的痛苦延長！

骨折能自行癒合

由於孩子的復原能力很強，即使骨折了，4 歲以下的孩子大多會在 3 星期內康復。有些傷者如在骨折後的 2 星期才求醫，骨骼或已再生，或有機會出現變形情況；惟孩子持續發育的過程中，如骨頭之間能接觸，或能自行癒合。

O 形腳

影響走路及情緒

孩子出現 O 形腳，主要受病理性問題而導致。當孩子出現 O 形腳時，他們並不會感到不適或疼痛，但對於走路，甚至情緒都會受影響。骨科醫生會因應情況，採用適合的治療方法，情況嚴重的需要進行多次手術，方可矯正。

腿形異常

提到 O 形腳，大家都應該不會感到陌生，因為走在街上會看到很多長者出現 O 形腳，其實 O 形腳也會出現在小朋友身上。骨科專科醫生黃仕雄表示，O 形腳的定義是指腿形異常，雙腿呈 O 形 (膝蓋內翻)。他續説，嬰兒受在子宮中的位置影響，O 形腿在嬰兒時期屬正常；在大約 3 歲時仍然有弓形腿的孩子，家長就應該開始加強觀察，或由骨科專家進行評估；當孩子到 7 至 8 歲時，已經長成成人的腿形，會出現輕微 X 形腿 (5 至 8 度膝蓋外翻)，並不是全直的。

病理性問題引起

導致孩子出現 O 形腳，多由病理性的問題引致，當中包括：

❶ 脛骨內翻，即脛骨近端骨的內側生長遲而引致內翻；

❷ 鈣磷代謝異常、生長板曾受傷、軟骨病變、風濕性膝關節炎、先天性腓骨缺損及軟骨生成病變、脛骨骨折引起的過度生長、年老關節退化症導致膝關節出現變形。

醫生會透過觀察腿、膝和腳踝等位置，以及測量膝蓋之間的距離，來確定孩子 O 形腳的嚴重程度。醫院會透過觀察孩子走路步態，以評估嚴重程度。另外，需要時亦會建議孩子進行膝部 X 光檢查。當孩子出現 O 形腳時，會出現以下 2 個徵狀：

❶ 站立時雙腿伸直，腳趾指向前方時，腿形有明顯異常；

❷ 膝外翻最明顯的徵狀，是腿部的外觀。當雙腿放在一起時，膝和腳踝不能同時接觸，膝接觸時，腳踝之間至少有兩吋的距離，就有膝外翻可能。

黃醫生説，大多數患有輕微或早期 O 形腳的孩子，他們可能不會感到任何疼痛或不適，但其膝蓋或髖關節部位會感到疼痛，他們髖關節的運動範圍會減少。這些孩子行走或跑步會感到困難，其膝關節不穩定，他們甚至會因外表受影響而不開心。

配合治療

如孩子患有 O 形腳，家長必須盡快尋求專業意見，讓孩子配合治療及康復訓練；亦要留意孩子會否因腳部變形而影響日常活動，例如容易跌倒，家長必須加以適合的協助。另外，孩子亦可能因腳部的外觀而影響心理健康，家長必須加以留意，必要時尋求專業協助。

Part 6

小朋友也患風濕病？有脂肪肝如何是好？
哮喘難斷尾嗎？甚麼是腸易激綜合症？
這些都是內科問題，
本章有內科專科醫生為父母掃走疑問。

腸易激綜合症
受情緒影響

腹痛頻密發作，大便習慣改變，接受檢查卻找不到原因，可能是患上腸易激綜合症。李恒輝醫生講解，約 2 成成年人患腸易激綜合症，在小學生中發生率約為 5%，中學生則為 15%，腸易激症狀與情緒問題也互相影響。

何為腸易激綜合症

腸易激綜合症的病徵為腹痛，伴以腹瀉、便秘，重複發作並有一定頻率，每個月最少發作 4 次，持續超過兩個月。根據羅馬四診斷標準，腸易激綜合症可分為四類：便秘型、肚瀉型、綜合型、無法分辨型。區分不同類型有助醫生針對病徵給予相應治療。

情緒、壓力亦有影響

腸易激綜合症的成因暫時未明，影響因素可分為內在因素和外在因素。內在因素包括腸敏感、神經線較為敏感以及腸道微生態失調。腸敏感患者一般會因為腸胃蠕動不規律及蠕動力度過大而導致肚痛不適。而神經線較為敏感的意思指：腸道蠕動的感覺信息被放大，增加患者的不適感覺。而腸道微生態失調患者較容易出現肚脹，大便形態及規律不正常等現象。外在因素主要為心理方面，包括壓力、焦慮、抑鬱，受虐、家庭問題等也會造成心理影響，易誘發腸易激綜合症。

排除其他腸道疾病診斷

腸易激綜合症通常透過臨牀病徵判斷，醫生會通過排除其他徵狀相似疾病，從而進行診斷。與腸易激綜合症徵狀相似的疾病可能伴有更嚴重症狀，比如腹瀉、嘔吐情況嚴重，大便有血、原因不明的發燒等，有機會由食物敏感、腸炎、腸阻塞等問題所致。腸易激綜合症也易與同為功能性腸胃病的功能性消化不良、功能性便秘混淆。

如何治療

腸易激綜合症主要影響日常生活，因此治療目的主要為緩和病徵，減少不適，助患者回復正常的日常生活。首先，最重要是進行確診，並向家長和小朋友解釋腸易激綜合症不會對生命有直接威脅，以消除擔憂。第二，通過藥物、心理治療，配合飲食上的改善，減輕症狀。藥物方面，醫生會針對個別症狀處方藥物，包括減低腸道或神經線敏感的藥物、幫助改變大便習慣的藥物。飲食方面也需多加留意，肚瀉型患者需要減少進食高腹鳴（FODMAP）食品避免腹瀉，有便秘問題需補充高纖維食物。受病症影響患者可能缺乏營養，以上問題都需要註冊營養師幫忙跟進處理。

兒童風濕病
早發現早治療

　　風濕病是免疫系統失調，影響關節之外也可能影響不同器官，有機會眼睛發炎，臉上出紅疹、蝴蝶斑等。風濕病其實可以發生任何年齡的人士身上。長者多屬退化性風濕，而兒童風濕病多為免疫系統失調，令關節發炎。風濕病科專科醫生余嘉龍表示，風濕是可治療的。

兒童風濕病的成因

兒童風濕病的成因主要為免疫系統問題。遺傳傾向、二手煙的影響也會增加患病機率。該病有遺傳傾向，如父母有風濕關節病，子女患風濕病的機率也會增加，但並非一定會發病。遺傳傾向由後天因素激發，比如受病毒感染或者服用不適合的藥物。

初期關節、皮膚發炎

致病機制是免疫系統失調，攻擊身體不同器官，較常見部位是關節和皮膚，多數患者的初期病徵為關節、皮膚發炎。情況較嚴重則會出現系統性的發炎病徵，包括發燒、淋巴腺腫脹、體重下降。

可影響內臟器官

兒童關節痛的三大原因包括受傷疼痛、成長痛、免疫系統失調導致關節疼痛，其中家長要特別留意的是免疫系統失調所致的關節痛，需及早發現和治療，否則有機會出現後遺症，包括長期性關節發炎導致關節侵蝕和變形，內臟受影響導致不同器官如肺部、腎臟功能受影響。

如何確診

醫生會結合三方面判斷兒童是否患有風濕病。首先是觀察臨床病徵、進行臨床檢查，第二是進行驗血，第三為掃描檢查，透過超聲波、磁力共振確認是否發炎、器官有否受影響。

良好生活習慣 預防風濕

保持生活健康非常重要，尤其是有家族病史的兒童需特別注意，在飲食、睡眠、運動、壓力四方面都多加留意，減低發病機會；

❶ **注重飲食**：多吃蔬果多飲水。不要讓孩子吃太多肉，特別是紅肉，會對腸道健康有影響；

❷ **多做運動**：多做帶氧運動；

❸ **睡眠充足**：兒童需保持 8 至 10 小時的睡眠時間，睡眠不足會影響免疫系統，令患者容易發病；

❹ **控制壓力**：在壓力過大的情況下容易發病，部分患者在考試前後會因為壓力大而發病。如發現問題需盡快處理和改善，調整心態。

專家顧問：內分泌及糖尿科專科醫生陳諾

兒童脂肪肝
嚴重致肝癌

　　兒童飲食西化，導致肥胖數字上升。早前，台灣有名男童確診脂肪肝。該家長稱，平時孩子多數吃清蒸食物，為何會得到脂肪肝？本港有醫生表示，脂肪肝沒有明顯病徵，若情況持續，將會出現肝硬化。現由醫生教大家從飲食及運動方法擊退脂肪肝。

脂肪肝成因

兒童脂肪肝常見的原因有：基因遺傳、肥胖、血脂肪過多、糖尿病。其中以肥胖、糖尿病為最常見原因，主要是肝臟脂肪酸代謝不平衡，尤其是三酸甘油酯，合成的多但代謝的少，而導致脂肪堆積在肝臟裏，而脂肪肝也象徵着罹患心血管疾病風險也會提高。「兒童飲食以快餐速食為主，攝取過多的糖、油、鹽等熱量，這些壞脂肪走到肝臟，會增加肝臟負荷，造成脂肪肝。」

對兒童成長的影響

很多人認為成年人才有脂肪肝，但隨著飲食文化越趨西化，零食糖果又隨處可得，令兒童患者增加。不過，家長不能認為孩子年紀輕，就忽視其症狀。因為脂肪肝沒有明顯病徵，日積月累，會演變成慢性疾病，如糖尿病、高血脂，更會影響肝功能，如排毒。嚴重的話，會變成肝纖維化或肝癌。

肝臟檢查重要

陳諾醫生鼓勵家長及早帶孩子進行肝臟檢查，越早發現治療效果越好。「檢查儀器的纖維化掃描不會發出輻射，也不要為孩子抽血打針。家長可留意孩子有沒有患上脂肪肝，藉此改善飲食壞習慣，及早預防。」建議孩童從飲食及運動著手，改善體重，預防脂肪肝突襲。

飲食無節制 缺乏運動

肥胖是兒童脂肪肝最常見的成因。現時小朋友運動量較少，喜歡吃甜食及飲品，如珍珠奶茶。如果他們吸收過多糖份，又沒有運動，過多的糖份會轉化轉成三酸甘油脂，積聚在肝臟，如果脂肪佔肝臟重量多過 5%，就會形式脂肪肝。

何謂脂肪肝

肝臟負責排毒功能，若肝臟積聚了過多的脂肪，就會形成脂肪肝。「如果脂肪肝有多於肝臟重量 5%，就會稱為脂肪肝。脂肪肝內滿佈脂肪細胞，脂肪肝等級分為輕度、中度和重度，在生理上是可以靠飲食和運動逆轉，然而如果不去改善，肝臟蓄積脂肪越來越多，便很容易發炎，反覆的發炎、結疤、纖維化甚至硬化，最嚴重會導致肝癌。」陳醫生説。

兒童哮喘
可危及性命

哮喘是本港最常見的兒童慢性疾病之一，由於小朋友患上哮喘的症狀往往不明顯，所以家長更應多加留意孩子是否有些持續的不尋常呼吸道狀況，以便及早求醫，皆因兒童患哮喘如沒有及早得到適切治療，除了影響生活和學業，更會影響他們的發育和身心成長。

威脅生命

哮喘屬於支氣管過敏的疾病，患者會因接觸到外來刺激而導致氣管壁周圍的肌肉收緊，以致氣道收窄，以及周邊組織呈發炎紅腫，有時還會積聚濃痰和黏液，因而加劇氣管縮窄，繼而出現哮喘的症狀，嚴重時可引致呼吸困難，或甚因腦部持續供氧而威脅性命。

平均年齡為 4 歲

兒童哮喘的平均發病年齡中位數約在 4 歲，患童起初常出現氣促、喘鳴、持續咳嗽等症狀，惟小朋友往往因年紀太小未必可以説出病徵，因此父母要細心留意子女日常有沒有一些異常症狀，例如發現他們有長期不明咳嗽，尤其持續夜咳的情況，就可能已患上哮喘，必須盡早求醫。

原因未明

導致哮喘的確實原因未明，但家族過敏病史者，小朋友患上哮喘的風險會較高。此外，空氣污染、細菌感染、溫差太大、心理壓力及接觸到致敏原，例如塵蟎、動物毛髮等，均可刺激氣管收窄而誘發哮喘。另外，有研究指婦女在懷孕期間吸煙，會增加子女患哮喘的風險。

兩大藥物治療

兒童哮喘以兩大藥物治療為主，一是口服藥，包括類固醇和抗生素；另一是吸劑，包括氣管擴張劑或吸入性類固醇。此外，病童亦要盡量避開可引起哮喘發作的致敏原，以助控制病情。

敏感原測試

無論懷疑小朋友有哮喘或已患病，家長也值得盡早帶子女做敏感原測試，以盡早找出誘發哮喘的致敏原，並制訂適切的治療方案控病，可避免不少治療冤枉路。哮喘是慢性疾病，因此必須跟主診醫生溝通，制訂治療策略，以便監察病情進展，當中包括訂下患童定期覆診時間及家長緊急應變處理，例如當發現小朋友咳嗽、睡時喘鳴越來越頻密，以及體能變差等便須立即覆診。另哮喘吸劑也須放在容易拿取的地方，當吸劑未能見效便須立刻送院。

Part 7

外科

小朋友黐脷筋會影響發音嗎？

睪丸會扭轉？割包皮是否必要？

還有不少小兒外科的問題，

都會困擾父母，本章多名外科專科醫生會一一解答。

黐脷筋
影響發音

「黐脷筋」對小朋友的進食和說話都有可能造成影響，該問題屬於結構性問題，不會自行痊癒。因此要留意對小朋友的影響程度，及早與醫生商量決定是否有需要進行手術處理。以下由廖思維醫生為我們深入分析。

影響進食和言語能力

常見影響集中於進食和說話兩方面，也可能出現其他問題，如呼吸問題、影響睡眠、影響面骨發育或者牙齒發育，但相對少見。

影響進食的情況在嬰兒初生階段已能察覺。舌繫帶過短可能影響吸啜母乳的能力，舌頭要可以伸出，包覆在媽媽乳頭上才有吸啜能力。如舌繫帶過短、舌頭無法伸出，牙齒或者牙肉會不停咬住而不是吸住乳頭，也容易令媽媽的乳頭疼痛。發音問題也是「黐脷筋」較常見的影響。大多會至小朋友大概 4、5 歲左右才決定是否需要動手術，原因是 2、3 歲時發音不準很多情況下仍屬正常，而到 4、5 歲左右，多數小朋友都說話清楚，受影響的小朋友說得不清楚，就較明顯為發音不準。通常舌繫帶過短影響發音的情況為無法做到特別的咬字、字音，譬如發音的時候舌尖頂上門牙的發音，譬如 L 音、T 音，L 音發不了會將「日歷」講成「日翼」。需留意的是，發音問題複雜，大腦發展、口部肌肉、舌頭肌肉控制和微調都可能影響發音，脷筋只是其中一個可能的影響因素。

如何確診

首先，醫生會通過肉眼觀察。也會通過檢查方法，比如讓小朋友伸出舌頭看脷筋是否過短。如小朋友能夠合作，會讓小朋友伸出舌頭以及向上頂，觀察舌頭形狀是否明顯呈 V 形、心形，或者碰不到上顎。但形態上呈 V 形、心形不代表一定影響到功能，決定是否做手術主要看是否有功能上的影響，既見到形態上有問題，同時出現吸啜問題或者說話時某些特別的發音不標準，就較有可能判斷是因為脷筋情況而影響。

治療「黐脷筋」方法

治療「黐脷筋」的舌繫帶釋放或修正手術，即俗稱的「剪脷筋」或「割脷筋」手術，一般需要配合輕度麻醉進行手術。手術工具通常為激光、電刀或手術刀。現時用激光進行手術較多，麻醉後 8 至 10 分鐘可以完成手術，對組織的傷害較少，也可即時止血，無痛無腫，恢復較快。而與激光手術相比，使用電刀創傷和疤痕會大一點。最傳統方法為用剪刀，需縫針以及需時稍長。

睪丸扭轉
黃金治療 6 小時

　　睪丸扭轉是其中一種最危險的陰囊急症，如 6 至 8 小時內未能獲得治療，睪丸有可能出現永久性的損害。睪丸像吊飾般自己扭轉，令連着的血管扭轉，血液無法到達睪丸，最後有機會造成睪丸缺血壞死。較典型的情況為睪丸扭轉兩至三圈，扭轉圈數越多，造成缺血的損害越嚴重。

出現突發性睪丸疼痛

睪丸扭轉的情況以初生嬰兒及青少年較常見。小朋友會出現突發性的單側睪丸疼痛，甚至是劇痛，疼痛可能蔓延至腹股溝（俗稱大髀罅）位置，情況嚴重會痛到嘔吐。睪丸疼痛為睪丸扭轉的第一個症狀，且為持續性疼痛，同時可能出現嘔吐、腹痛的症狀，發燒則相對較少。

睪丸疼痛也有其他可能性，除了睪丸扭轉這種最令人擔心的情況，第二個原因是精囊發炎，但兒童相對較少出現該情況，第三個較常見原因則為退化的組織發炎或痛。

睪丸扭轉原因

在正常情況下，睪丸被睪丸鞘膜包覆，保留後面與側面貼在陰囊壁上作固定。如果睪丸與鞘膜固定不佳，睪丸會有較大空間自然扭動，就容易發生扭轉。睪丸扭轉的確切成因尚不清楚，但多數在 12 至 18 歲出現，估計與青春期時激素分泌、生殖器官快速發育有關。

如何檢查

醫生會通過臨床檢查判斷嚴重性，如出現以下情況，包括：外觀上呈現睪丸腫大、位置上移；提睪肌反射消失，提睪肌反射指觸摸大腿皮膚睪丸會往上縮，而睪丸扭轉會使提睪肌反射下降或消失，就很大機會需即時進行手術。

在時間許可或有需要的情況下，也會以超聲波檢查確認。但若情況非常緊急，臨床檢查或超聲波檢查尚未能提供詳細資訊，醫生會選擇即時進行手術，因睪丸扭轉為急症，搶救有其時限性，而且手術也是進行確診最清晰的方法。

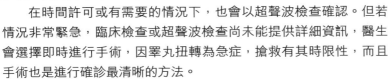

手術治療

通過手術可幫助確認診斷，確認睪丸是否出現扭轉，以及扭轉的程度，或者是否其他原因導致的睪丸疼痛。確認診斷外，挽救睪丸亦為手術目的。手術中，醫生會將睪丸扭回正常位置，再看供血是否恢復正常，必要時會用溫熱的棉花對睪丸濕敷。如睪丸顏色變紅，會將恢復供血的睪丸，以及另一側的睪丸使用針線固定於陰囊壁，降低再次發生扭轉的風險。如睪丸色澤未見好轉，會切除已壞死的睪丸。

專家顧問：小兒外科專科醫生廖思維

尿道炎
可影響腎臟

尿道炎是常見的兒科疾病，多由細菌感染引致。尿道炎可分為下尿道炎和上尿道炎，下尿道發炎感染的部位包括膀胱及以下部份，而上尿道發炎則是細菌感染經輸尿管上傳到腎臟，有機會引致嚴重後果。

常與衛生因素有關

　　小朋友感染尿道炎多數由細菌感染所致，最常見為大腸桿菌，細菌由肛門轉移至尿道出口，進入尿道造成感染。下尿道炎感染較為常見，多與衛生因素有關。1歲前男嬰患尿道炎的個案較多，而1歲後女嬰較男嬰多患尿道炎。1歲前，男嬰常因包皮口過窄藏有分泌物，滋生細菌，令尿道易受感染而發炎。此問題通常在嬰幼期接受割包皮手術，或者包皮自然退縮而得到解決，因此男孩患尿道炎機率會下降。因為生理結構因素，女性的尿道較男性短，肛門位置也與尿道較近，如廁後擦拭方法不正確，有機會令殘餘糞便以及當中細菌感染尿道，導致發炎。

患上尿道炎 如何發現？

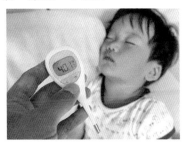

　　下尿道炎的徵狀較為明顯，如小便時感到疼痛、尿頻、小便渾濁、血尿。與上尿道炎比較，其導致發燒的機率相對小。而上尿道發炎的徵狀會較嚴重，包括高燒持續不退、嘔吐、肚痛，如嬰幼兒不懂得表達，高燒、嘔吐會容易誤會是其他病症如盲腸炎所致。上尿道炎的情況會較嚴重，因上尿道影響腎臟情況，可能導致腎臟急性發炎，有機會導致敗血症、造成永久性功能受損，甚至有生命危險。

治療方法

　　治療方面，主要為藥物治療，並需在生活習慣方面多加留意。

　　藥物治療方面，醫生會處方抗生素療程以治療尿道炎，使用抗生素治療一般需5至7天。輕微尿道炎可以用口服抗生素如盤尼西林。如病情嚴重，則會以打針方式注入抗生素，讓患者接受更強的抗生素治療。

　　日常生活方面，需要留意飲食以及清潔的習慣。首先，家長可以提醒孩子多喝水，充足水份有助將細菌排出體外。第二，定時小便，不要養成憋尿的壞習慣。第三，注意清潔，大便後進行清潔應向後抹而不是向前，以防將病菌由肛門帶至尿道。第四，保持大便暢通，因為直腸的位置在膀胱後方，如果大便累積在直腸會影響膀胱，尿液無法排清，易產生細菌。

　　一般來說，尿道炎復發的機率隨着年齡會越來越低，但如不改善日常生活習慣，尿道炎也有機會復發。

小腸氣

嬰幼兒常見

幼童小腹出現疼痛，又有腫塊突出？那麼他們有可能是患上小腸氣。到底甚麼是小腸氣？小腸氣又有甚麼症狀？以下，有小兒外科專科醫生為家長作出詳細講解，以及如何預防。

多數出現於男性

小腸氣是嬰幼兒常見的疾病，多數出現於男性身上。藍醫生表示，那是由於男性的腹股溝位置有一條先天性管道未閉合，因此約有 5% 男性會患上小腸氣；而女性患上此病的機率較低，約有 2% 比率會患上此病。幼兒出現小腸氣的成因有很多，包括持續哭鬧、便秘及慢性咳嗽等，當腹部受壓時，就會迫使器官凸出來，令腹股溝出現腫塊。但只要放鬆或平躺，腫塊便會隨之消失，惟當腹部出力時，又有可能令腫塊再現。但此情況未必一定在孩子每次哭鬧時出現，所以家長有時較難察覺，加上幼童未懂用言語清楚表達不適，因此家長需細心觀察。

不會自然痊癒

小腸氣不能單靠藥物治療，也不會自然痊癒，必須以手術治理，大部份可以透過微創手術將管腔缺口縫補。藍醫生表示，當替病童進行微創手術時，醫生會先在肚臍開一個 5 毫米的小口，置入腹腔鏡並將視野放大，了解腹腔內的情況，以避免誤傷輸精管、睪丸血管或卵巢等器官；最後縫合漏管缺口收緊並結紮，整個微創手術過程為 15 至 20 分鐘。在手術進行中，醫生可同時診斷另一邊是否出現疝氣問題，當確診時便可同時進行修補，從而減少未來手術的次數。

如何預防小腸氣？

小腸氣是一種突發性的疾病，並沒有預防方法，但是有一些方法可以減少它的發生率。藍醫生建議日常應平衡飲食，多吃粗纖維的新鮮蔬菜，如芹菜、韭菜等，或可吃粗糧，如全麥類和香蕉等。此外，家長亦應為小朋友養成定時排便的習慣，以預防便秘。如幼兒的大便乾燥時，父母應採取通便措施，不要讓孩子用力大便。由於小腸氣是難以預防，應避免過份用力做運動，尤其是針對腹部的運動，如舉重、仰臥起坐等，更要適可而止。在疲累時便應該休息，一日內不應重複做多次運動。

沙門氏菌
致食物中毒

　　食物中毒多是因服食受細菌污染的食物，所引起的急性腸道疾病，最常見為沙門氏菌感染。當食物未經徹底煮熟，會較容易出現食物中毒的情況，以下會由外科專科醫生為大家詳細講解沙門氏菌與食物中毒的關係，以及如何受傳染。

沙門氏菌如何傳染？

當食物未經適當烹製、清洗，或者在處理食物前未洗手而導致食物被污染，這些因素均會引起食物中毒。謝醫生表示，引起食物中毒最常見的細菌之一，就是沙門氏菌，常見於未經消毒的牛奶、蛋類和生蛋製品、生肉、家禽等未經烹煮的動物性食品。任何食物都會沾上沙門氏菌，例如烹調者手上沾有沙門氏菌，而他們在處理食物及製備食物前，沒有徹底清洗雙手，便可能會讓細菌沾上食物。又或是若食物未經充分烹煮以殺死細菌時，也會把沙門氏菌傳播給所接觸的任何人或東西。

治療食物中毒

謝醫生表示，如患者出現脫水、嚴重嘔吐或腹瀉症狀，應立即求診，並補充充足的水份。有些人會質疑食物中毒而引致的急性腸胃炎，是否需要服用抗生素來治療呢？謝醫生表示身體本來很健康而生病的人，通常不需要服用抗生素治療，就會自行痊癒，只要患者適時補充水份、電解質，再搭配腸胃道藥，通常在 2 至 3 天，症狀就會緩解。但若是身體或許不足以自行抵抗細菌，例如年紀小、年老或免疫系統受損的人，才需要服用抗生素來治療沙門氏菌。

建立良好衛生習慣

謝醫生認為養成良好的衛生習慣能降低食物中毒的風險，建議家長在購物後，立即將冷凍食品放入冰箱或冷凍櫃，將生肉和魚類密封好，放進冰箱底層。在煮食前，應確保解凍和烹製肉類均完全徹底處理，以殺滅任何有害細菌，而生食和即食食物應使用不同砧板。而且，任何重新加熱的食品需加熱至沸騰，處理或接觸食物前應洗手，同時避免食用未經巴氏消毒的牛奶、生蛋和未煮熟的肉類。食物置於外界的時間不要超過 2 小時，熱天時不要超過 1 小時，烹製後剩下的食物，應待其冷卻後，需立即放入冰箱。

割包皮
有沒有必要？

　　究竟男孩子是否一定要割包皮？答案是否定的。但當包皮引致男孩出現尿道炎、痕癢，甚至出現包皮炎而影響小便，便有需要接受割包皮手術。現時割包皮手術有很多種，視乎醫生及醫院而定，家長應先行了解清楚。

發炎才做手術

外科專科醫生陳東飛醫生表示，很多人誤以為男孩子必須做割包皮手術，這絕對是個謬誤。他認為不是所有男孩子都需要進行這項手術，倘若包皮並沒有影響男孩子發育成長的話，便沒有需要做手術。但是，如果包皮引起包皮炎、尿道炎、出現痕癢，甚至包皮炎情況嚴重致影響小便，引起身體不適，這時便可能需要做割包皮手術了。此外，傳統中華文化亦非要求所有男孩接受割包皮手術，但某些民族及宗教則要求所有男孩接受割包皮手術。所以，如果排除了民族、宗教及對身體的影響，基本上並非所有男孩需要做割包皮手術的。

引致多種疾病

當包皮覆蓋着龜頭，覆蓋着小便出口位置，即俗稱「包皮過長」，如果不進行割包皮手術，便可能會引起很多疾病，家長必須要注意，有機會感染細菌病毒，增加真菌發炎的機會；導致尿道炎；引起包皮炎；增加患龜頭炎的機會；長遠有機會因為龜頭炎症，而導致龜頭癌；增加患上性病及傳染病的風險。

手術過程簡單

進行割包皮的手術其實很簡單，現時進行割包皮的手術亦非常多元化，主要視乎醫院及醫生而定，家長宜於進行手術前先了解清楚手術的好處及壞處，才自行決定，現分述手術與縫合方法如下：

手術方法

❶ 傳統割包皮手術（直接運用手術刀及剪刀切除）。

❷ 利用激光切除。

❸ 利用包皮槍的器械輔助。

縫合方法

❶ 利用縫合線縫合。

❷ 利用醫學膠水縫合。

❸ 有些甚至不用縫合線縫合。

任何年齡也可做手術

陳東飛醫生表示，替男孩進行割包皮手術並沒有一個固定年齡，某些地方的父母因為不想兒子將來受包皮影響，於是當他們出生後一星期、一個月或是一歲前，便安排他們進行預防性包皮切割手術，但這並非香港父母主流的習慣。

Part 8

所謂「普通」，其實有些小兒疾病也不普通，
例如大頸泡如何處理？有汗斑、白蝕點算好？
中暑、熱衰竭如何分別？
這些問題，本章有醫生會逐一拆解。

專家顧問：普通科醫生朱貴霞

大頸泡
內分泌失調引致

　　甲狀腺腫大，俗稱大頸泡，是由內分泌失調引致的健康問題，隨時會對小朋友發育成長造成嚴重影響，例如矮小肥胖、注意力不足，家長要密切留意！以下由普通科醫生向家長解釋可引發甲狀腺腫大的成因及症狀，希望當孩子的甲狀腺出現異常情況時，父母都可及早發現不妥。

3 個致病原因

由於甲狀腺素在人體全身都有作用，因此當甲狀腺出問題時，全身器官都可能有症狀。朱醫生指造成兒童甲狀腺腫大，常見的 3 個原因包括：

❶ **單純性甲狀腺腫**：甲狀腺功能正常，通常沒有症狀，只是甲狀腺比較明顯。常常發生在青春期的少女。

❷ **甲狀腺功能亢進**：甲狀腺功能過強，生產過多荷爾蒙。患者體重下降但食慾大增，也會出現心悸、手震的情況。

❸ **甲狀腺功能低下（功能不足）**：甲狀腺功能不足，未能生產足夠的荷爾蒙。患者身體會感到疲勞昏睡，而且會導致兒童生長遲緩。

頸部腫大 ≠ 有問題

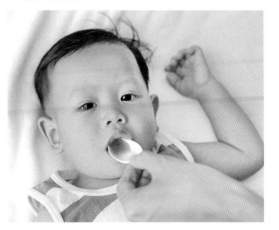

朱醫生提醒家長，甲狀腺腫大跟甲狀腺功能高低，並沒有必然的關係，並不是頸部腫大就等於有甲狀腺功能異常。如需要確診，還是必須抽血檢驗，必要時會以超聲波等影像檢查，才能確定甲狀腺功能是否異常。由於甲狀腺功能對於兒童的生長，以及神經發育都是十分重要，如果懷疑小朋友有甲狀腺功能異常的狀況，一定要盡速到有關專科就診。

甚麼是甲狀腺腫大？

甲狀腺位於頸部前下方，橫跨氣管兩側，朱貴霞醫生表示，甲狀腺主要功能是分泌兩種 T3、T4 甲狀腺素供人體使用。甲狀腺素的作用在兒童時期特別重要，不管是關於骨頭的生長，或是腦部發育成熟，甲狀腺素都在其中扮演了不可或缺的角色。同時，甲狀腺亦能促進新陳代謝、增進生長發育、維持中樞神經的運作、準確地調節體內的溫度、增加組織對交感神經刺激之反應。當甲狀腺素分泌出了問題，就有可能令甲狀腺腫大，外觀看起來會有脖子變粗或凸出來的感覺。

專家顧問：普通科醫生王欣浩

孩子發燒

必須要求診？

　　每當孩子發燒，家長便會十分緊張，擔心因為發燒而影響孩子的腦部功能，所以，每當孩子發燒，家長便會立即帶他們求診。其實發燒只是一個反應，即使高燒，但若孩子表現精神，家長也不用太擔心。最重要找出致病原因，及早治療。

常見致發燒原因

王欣浩醫生表示，當孩子體溫為攝氏 38 度或以上才屬於發燒，而他們的體溫達至攝氏 39 度或以上則屬於發高燒。他說導致孩子發燒的常見原因有許多，如受病毒感染、感冒、水痘、玫瑰疹及尿道炎等，都可以導致孩子發燒。

只是一個反應

家長每每看到孩子發燒便十分緊張。王醫生說其實家長不應只集中於發燒的度數，因為發燒只是一個反應，即使孩子發高燒，但他們仍能如平日一樣繼續玩耍，樣子並不太疲倦，家長便不用過於憂心。相反，若孩子只是低燒，但表現得非常疲倦，家長就要多加注意。王醫生說家長一直迷信認為孩子發高燒會影響腦部發展，其實這是錯誤的，發高燒並不會影響孩子的腦部功能。反而若孩子患上腦膜炎，如果治療不宜，沒有帶孩子求診，則有機會影響孩子腦部功能。

必須找出致病原因

如前所言，導致孩子發燒的原因有許多，家長最重要注意的並不是他們的體溫，而是應該找出致病原因。王醫生以孩子患上感冒而發燒為例，給孩子服用藥物只是紓緩不適，即使不服用退燒藥，也不會令孩子出現不良反應。又例如孩子患上傷風咳嗽，即使沒有服藥，只要過數天便會痊癒。反而有一點值得家長注意，可能孩子起初只是傷風，但當家長帶孩子求診時，由於診所有不同病人，細菌十分多，孩子反而於診所受感染而令病情更嚴重。

留意各方面情況

因此，當孩子發燒時，家長不要只重視他們的體溫，還要留意孩子其他方面的變化，及早找出致病原因，對症下藥，及早治療：

- 家長應為孩子補充足夠水份，避免他們出現脫水情況。
- 倘若孩子哭喊時沒有掉眼淚，又或是沒有小便，嬰兒期每天應該更換尿片 6 次，如家長發覺尿片長時間都是乾爽的，便有可能他們是出現脫水。
- 如果孩子患上腸胃炎，出現又屙又嘔的情況，家長必須為他們補充水份。
- 孩子發燒時，千萬別用被子包裹着他們，認為讓孩子大量流汗有助降溫。這絕對是錯誤的，讓發燒的孩子在太凍太熱的環境都不適宜。

尿布疹
屁股又紅又腫

　　媽媽替寶寶換片時，將尿片拆開，赫然發現寶寶的 Pat Pat 又紅又腫，寶寶感覺不舒服，因而哭鬧不休，當心寶寶患上尿布疹。一旦患上尿布疹可如何治理？在日常護理方面又有何注意呢？且聽註冊西醫林漢先醫生詳細解釋。

尿布疹病徵

到底尿布疹有何病徵呢？林醫生指出，當媽媽給寶寶換片時會發現被尿片覆蓋的位置出現一塊一塊紅紅腫腫的。另外，媽媽還得注意寶寶的皮膚可有否其他病徵。例如有否出膿水，若有這情況則可能是尿布疹併發了細菌感染。此外，除了普通的尿布疹，媽媽也要留意有否真菌性皮膚發炎的情況出現。真菌性皮膚發炎跟尿布疹的病徵相似，不同之處是尿布疹是因為皮膚接觸如尿液及糞便等刺激性物質所引起的發炎，位置主要在肛門及生殖器位置的皮膚，而真菌則多藏於皮膚摺位及股溝等位置。

注意勤換尿片

若是普通的尿布疹，最重要是勤換尿片，使尿液和糞便不要經常接觸及黏住身體。「有些情況是讓寶寶在一日中有些時間不使用尿片，這情況喚作 Diaper free，好讓寶寶的皮膚休息一下。另外也要注意皮膚的護理，有些媽媽喜歡使用消毒清潔用品來給寶寶抹身體，其實並不需要，這做法有可能會引起敏感。」林醫生指出，尿布疹的出現是皮膚表面阻隔功能已經出現了問題，皮膚阻隔功能最主要靠油脂的分泌，如果還要使用酒精或消毒液揩抹，則有可能抹走皮膚的油份，反而會令皮膚阻隔能力更差。因此，林醫生建議使用沒任何添加劑或香料成份的紙巾等。而對於嬰兒來說，也不宜太過頻密地去給寶寶洗澡。「因為洗澡越多，越容易抹走寶寶皮膚上保護性的油脂，容易出現各種皮膚問題。」

用藥治療

治療方面，一般可給寶寶塗搽一些具阻隔性的皮膚藥膏，較常使用的是含氧化鋅的藥膏。「給寶寶清潔完後搽上藥膏，避免排泄物直接接觸皮膚。」但若是出現嚴重細菌感染的話，就要使用含硫糖鋁成份的藥膏，這類藥膏具有阻隔及殺菌功能。若處理得當，大約個多兩星期後發炎情況便會慢慢好轉。至於若是出現真菌或細菌感染的，則有需要使用抗真菌藥或者抗生素。若一開始發炎情況已很嚴重，或會在早期使用藥用類固醇。林醫生指出，有些家長會自行於坊間購買消炎藥膏給寶寶使用，甚至會將成人用藥膏給寶寶使用，但當中有可能含有高效能類固醇，如果不適當監管下使用，或會導致皮膚組織受損。如果吸收太多或會有類固醇過量反應，例如引致寶寶發育遲緩或痴肥等情況。

中暑、熱衰竭
程度大不同

香港夏天天氣炎熱，天文台也不時發出酷熱天氣警告。根據數據顯示，在香港幾乎每年都有七十至百多宗因中暑入院的個案。內外全科醫生林穎怡表示，其中小朋友較成年人更容易中暑。要慎防中暑有何良方？另外，熱衰竭跟中暑又有何分別？且聽林醫生一一講解。

何謂熱衰竭

　　林醫生指出，人體有一套恒溫系統，維持我們的體溫在正常範圍內。「例如四周環境氣溫太高，身體會有一個系統協助散熱，我們會排汗；增加呼吸心跳，這時候，我們會脫除去多餘衣物，又或者開冷氣去保持身體的體溫，即大約在攝氏 36 至 37.5 度左右。」但若在炎熱及潮濕的環境下，身體因各種原因，無法透過排汗方式散熱，令腦部的體溫調節系統失效，體溫就會快速上升，有時甚至高達攝氏 40 度，令身體主要器官無法正常運作，就會出現中暑。談到中暑，不少人都將它與熱衰竭混為一談。林醫生解釋，熱衰竭可說是中暑的前兆，一般來說熱衰竭較中暑易於處理。「熱衰竭跟中暑可說是程度不同。病人會出現一些病徵，例如出很多汗、呼吸急促、口渴、頭痛、痛暈、作嘔等，但神志仍然清醒。但如果患者已經出現熱衰竭的情況，但仍然留在酷熱的環境中，那麼就有機會惡化到中暑。中暑跟熱衰竭徵狀早期相若，但中暑病人後期則會有精神混亂甚至影響腦部或昏迷的情況出現，主要因為人體的恒溫系統運作不到，體溫一直上升，散不到熱但皮膚卻不會排汗，因此我們會見到病人臉蛋紅卜卜。」

治療及護理

　　治療方面，一旦出現中暑情況，林醫生提醒，應盡快將患者移離酷熱的現場環境，並馬上通知急救人員。「首要立即替病人降溫，若病人還清醒，應立即給他喝水，或有鹽的飲料如電解質飲品等。另外，如果可以的話，應用濕毛巾替他抹身，又或者給他噴水。此外，也可用風扇給病人吹風。以及利用冰敷一下如額頭等位置。入院治療時，醫生會評估患者呼吸、血壓及心肺功能，留意有否出現併發症，一般會替病人吊鹽水、監察體溫，並協助降溫至安全程度。」

預防勝於治療

　　想有效預防中暑，林醫生提醒，無論大人或小朋友，在炎熱的天氣下，應避免於戶外進行劇烈運動，尤其要避開正午太陽最猛烈的時份。若要進行戶外活動，宜穿上淺色及鬆身的衣物。淺色衣物有助減少吸熱，而鬆身衣物則可增加排汗散熱能力。同時也要適當地補充水份。

專家顧問:內外全科醫生林穎怡

汗斑、白蝕
如何區分?

　　汗斑與白蝕是兩個不同的病,但兩者的病徵卻有不少相似的地方。當小朋友的皮膚上出現一塊一塊白色時,媽媽或會疑問這是汗斑還是白蝕?兩者到底如何區分?一旦發現又該如何治理?且聽內外全科醫生林穎怡逐一解釋。

成因大不同

　　白蝕的出現，主要因為身體免疫出現問題，身體自行產生抗體，令體內本身的黑色素消失。至於汗斑則因出汗太多，加上周遭的環境太熱、太濕，因而令皮膚上的真菌增生，皮膚受真菌感染後令汗斑出現。林醫生表示，甚麼年齡的人士都有可能患上白蝕，不過患者以年青人較常見，其中超過一半的白蝕病人都在 20 歲前發病。至於汗斑則是青春期的小朋友較容易出現。「青春期皮脂分泌比較多，很容易會出現汗斑。汗斑也跟季節性有關，以香港的夏天為例，天氣又濕又熱，這樣的環境很適合滋生真菌，因此汗斑一般在夏天比較容易出現。」值得一提的是，無論汗斑與白蝕，兩者都沒有傳染性。

外用藥膏及口服藥物

　　至於治療方面，林醫生表示，一般來説，白蝕是比較難醫治的，醫生會處方類固醇或非類固醇藥膏給病人塗搽。如果用藥幾個月都沒有成效，便會利用光學治療，即透過照燈來幫助刺激病人的黑色素重現。至於治療汗斑，則會透過抗真菌藥膏作出醫治，有時候醫生或會處方一些抗真菌洗頭水給病人使用。如果塗抹上外用藥膏後情況仍未改善，或有需要口服抗真菌藥物作治理。林醫生又謂，經治療後，汗斑患者一些症狀如痕癢等均會很快控制得到，一般用藥後一至兩星期便可大致痊癒。但色素則需要時間慢慢出現，故無論白蝕或汗斑的患者，大約需 6 至 12 個月的時間去改善色素的問題。

預防及護理

　　如上文提及白蝕的出現，是因為患者本身的身體免疫系統出現問題，因此並沒有預防方法。至於要預防汗斑，林醫生提醒，日常要注意保持身體乾爽，尤其是身體容易出汗的炎夏季節，宜穿着一些通爽的衣物。另外，出汗後要馬上抹汗、洗澡並抹乾身體。「也有些病人經常出汗斑，醫生或會處方一些抗真菌的洗頭水給他們使用，可有預防作用。例如夏天可每兩星期使用一次，從而減低汗斑復發的機會。」林醫生又謂，由於白蝕患者的皮膚欠缺色素，會較容易曬傷，在護理方面，得留意要做好防曬工夫。

Part 9

家庭醫學基本上包攬各種病症，
可說是把守各病的第一重關口，小朋友患病，
除了向兒科醫生問診外，也可先向家庭醫學的醫生問診。
本章只列 4 項病症讓父母參考。

專家顧問：家庭醫學專科醫生關嘉美

花粉症
可引發哮喘

如果發現小朋友經常打噴嚏、鼻水長流、流眼水甚至眼腫的情況出現，小心可能是患上花粉症。病徵有可能會令到小朋友脾氣不好以及睡眠欠佳，甚至影響學業。有些患者會有皮膚敏感的情況出現，小朋友經常搔抓，狀甚辛苦，有可能會影響食慾，出現發育不良的情況。

打噴嚏及鼻水長流

一旦患上花粉症，患者會出現經常打噴嚏、鼻水長流、流眼水甚至出現眼腫等病徵。「如果患者是小朋友，以上病徵有可能令到他們感覺很不舒服，脾氣會變得差，同時會令睡眠質素欠佳，從而影響學業。」關醫生表示，因為是敏感性鼻炎，最嚴重者可以同時出現皮膚敏感及哮喘。一旦引發哮喘，手尾就會很長以及難以斷尾。「皮膚敏感也很惱人，患者會經常搔抓，情況有可能令小朋友沒心機進食，引致發育不良。」關醫生又謂，基本上，在外國如日本等地，花粉症一般在春季出現。但在香港情況則略有不同，並沒有季節性影響。「主要看甚麼東西引發敏感。如果對花粉敏感，那麼通常在春天會較易出現敏感症狀。但若是對其他物件敏感，那麼便很視乎你身處甚麼環境。」

治標與治本

一旦患上花粉症，關醫生表示，一般來說，醫生會處方特效藥給患者。「嚴重的話要服用抗組織胺藥，如果鼻子真的很不舒服，也有可能需要使用類固醇噴劑。」不過，關醫生指出，用藥只是治標的方法，最有效及治本的治療方法，就是盡量讓自己避開致敏原。「談到治本，我們得了解兩種本質。如果人的本質是敏感的，這是天生不能改變的。但環境卻可以轉變。例如如果小朋友因為床鋪引起敏感，爸媽可以給小朋友勤加清洗，不過要留意，不宜使用太多香味的清潔劑，因為這樣也有可能引起敏感的。」

有效預防方法

關醫生續指，最有效的預防方法，就是要找出箇中原因。「如果因為花粉引起，那麼家中便不宜再有植物。另外，有些人是對動物如貓狗的毛髮敏感的，就應避免飼養動物的了。同時，家中也應避免有塵，最理想是不要居住在塵埃太多的地方，如果真的難以轉換居住環境，那麼可以使用空氣清新機，總之時刻保持家居清潔。另外，也應盡量避免給小朋友把玩毛公仔。而布沙發和地毯也可免則免，因為這些都是惹塵的東西。」關醫生又提醒，不要過份使用清潔劑，噴劑的氣味會令到氣管受刺激的，出現敏感。「如果真的要使用消毒物品，應使用 1:99 漂白水清潔為佳，不要太濃烈，因化學物一樣可令你受刺激。」

戊型肝炎
經糞口傳播

發燒、食慾不振、噁心及嘔吐……看似是感冒的病徵。
但如果同時出現皮膚變黃、小便呈茶色以及大便呈淺色等
情況，就要小心有可能是感染了肝炎。其中經糞口傳播的
戊型肝炎至今還未有預防針可打，患者只能作紓緩性治療。
且聽家庭醫生關嘉美為我們詳細講解。

病徵與潛伏期

潛伏期方面，從感染戊型肝炎病毒後 2 至 10 星期不等，平均則為 5 至 6 星期。至於戊型肝炎的病徵則跟其他種類病毒性肝炎的病徵相似，一般持續 1 至 6 個星期。通常會出現以下病徵：

- 發燒、食慾不振、噁心及嘔吐；
- 腹痛、瘙癢、皮膚出疹或關節疼痛；
- 皮膚變黃、小便呈深色、大便呈淺色
- 肝臟發大，甚至會出現壓痛。

治療方法

一旦染上戊型肝炎，直至目前為止，還未有針對該病情的治療方案。關醫生指出，患者一般只能作支援性治療。「所謂支援性治療，即發燒就處方發燒藥；嘔吐便處方止嘔藥；脫水就給吊鹽水等輔助性治療。因為至今仍未能發展出一種特效藥可醫治此病。也不像現時的甲型及乙型肝炎般有疫苗可注射。一般來說，病者經過支援性治療後，大約幾星期至幾個月才可康復。」此外，戊型肝炎患者一般都不需要住院治理，但如果是暴發性肝炎患者的話，就需要入院治理。另一方面，如出現戊型肝炎症狀的孕婦，也應考慮住院治療。

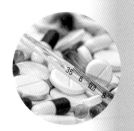

預防勝於治療

由於現時並沒有有效的治療方案，因此預防是最有效的控制方法。關醫生提醒，日常必須注意及保持良好的個人衛生。「進食時記得要徹底清潔雙手，因為雙手經常接觸不同的東西，如果之後隨手拿起食物放進嘴裏吃，那麼便有機會將病毒一併吃進肚子裏。」此外，洗手時應以梘液及清水清潔雙手，搓手至少 20 秒，用水過清後再用抹手紙或乾手機弄乾。如沒有洗手設施，或雙手沒有明顯污垢時，使用含 70 至 80% 的酒精搓手液潔淨雙手亦為有效方法。

另外，關醫生表示，應盡量避免進食生冷及未經煮熟的食物，以防病從口入。「食物如海產、豬肉和豬內臟等，如果事先已徹底清潔乾淨，然後煮至全熟後才進食，那麼染病的機會便大大減低。」

水痘感染
後終身免疫

一覺醒來，媽媽發現寶寶發燒，而且身上長出紅疹，
寶寶還感覺痕癢。隨後數天，紅疹開始散佈於面部和四肢。
再過數天，紅疹漸漸變成豆狀小水疱。媽媽當心寶寶感染
水痘。家庭醫生關嘉美表示，一旦受到感染，應盡快求醫，
事關初生嬰兒若染上水痘，病情較嚴重者有機會危及性命。

水痘 6 大病徵

一旦感染水痘，留意患者或會出現以下 6 大病徵：

❶ 發燒；

❷ 長出紅疹，患者會感到痕癢；

❸ 大約在 5 天內，紅疹會由最初出現於身軀，慢慢散佈於面部和四肢等位置；

❹ 紅疹漸漸變成豆狀小水疱，通常維持 3 至 4 天後，水疱會變乾及結痂；

❺ 部份患者的水疱或會長在口腔及眼角膜等位置；

❻ 一般約於 2 星期內會痊癒。

一般來説，水痘都會自行痊癒。不過，關醫生提醒，也別掉以輕心，因為若傷口出現細菌感染，有機會出現嚴重併發症如肺炎和腦炎等。另外，嬰兒若感染水痘，病情會較嚴重，有可能會危及性命。

治療及護理

至於治療方面，經醫生診斷後，可透過藥物治理及紓緩病況。如果有發燒情況，可服用醫生處方的退燒藥物，並且要多飲水及多休息。關醫生又謂，也可服用醫生處方的抗病毒藥物。如果有皮膚痕癢的情況出現，也可塗搽止癢藥物協助紓緩。如果患者是小孩子，媽媽可於孩子睡眠時替他們穿上乾淨的棉質手套，減低因痕癢抓破小水疱而引致皮膚發炎及留下疤痕的情況。

此外，小朋友出水痘期間，爸媽得小心留意及觀察他們的病況，如果出現持續發燒、拒絕進食、嘔吐或嗜睡等病徵，便應盡早向醫生求醫。由於水痘的傳染性高，如果家中有其他孩子的，就要多加觀察及留意其他小朋友有否出現水痘的病徵。

接種疫苗可預防水痘

要預防感染水痘，關醫生指出，可透過接種疫苗。根據衛生署衛生防護中心的資料顯示，現時大約 9 成接種疫苗的人士都可以產生免疫能力。而在「香港兒童免疫接種計劃」下，兒童接種共兩劑含水痘的疫苗。家長可向家庭醫生或衛生署母嬰健康院查詢詳情。

專家顧問：急症科專科醫生林俊華

兒童敗血症
致命率極高

敗血病是受到感染後致死的最常見成因之一，特點是發病迅速，其死亡率更高達 80%。如果身體沒有及時接受治療，可能迅速導致組織壞死、器官衰竭，甚至死亡。以下由急症科專科醫生為大家詳細講解兒童敗血症，當家長能夠多加注意，便能大大降低死亡率。

細菌感染勿輕視

　　各種致病菌皆可引起敗血症，當身體抵抗力降低時，就算是一些致病能力較低的細菌，也可從不同途徑進入人體，而引起敗血症，林醫生指常見引起敗血病的感染可以是肺炎、腦膜炎、尿道炎、皮膚軟組織發炎、腸胃炎或導管感染等。倘若抵抗力低且免疫系統又不能發揮防護功能，同時沒有抗生素支援治療下，細菌會經由血液逐步入侵身體其他器官，從而引起全身性發炎反應症候群（SIRS）。

如何確診？

　　林醫生表示，除感染源頭部位可能出現的感染症狀外，有些人則會出現全身性症狀如發燒、發冷、呼吸急促、脈搏加快、皮膚發白發紫、神智不清和渾身極度不適等。

　　當身體受嚴重感染，可以出現全身性發炎反應症候群（SIRS）。而全身性發炎反應症候群有以下 4 個症狀：

❶ 體溫高於攝氏 38 度，或低於攝氏 35 度。

❷ 心跳高於每分鐘 90 下。

❸ 呼吸多於每分鐘 20 下， 血液中二氧化碳分壓少於 32 毫米汞柱。

❹ 白血球量每毫升大於 12,000 或少於 4,000。

　　林醫生指當病人有 2 個或以上的全身性發炎反應症候群（SIRS）症狀，再加臨床上有證實或懷疑的感染，便可確診敗血病。

把握黃金治療 1 小時

　　治療敗血症最重要是把握時間，林醫生表示及早作出診斷，越早接受適切和及時的治療越好，每延遲 1 小時的治療，死亡率將會提高百分之八。如在送院 1 小時內接受抗生素治療，死亡率會大大降低。而抗生素治療是第一步，可遏止細菌抗散，但最重要是從源頭處理來治本。如果病人感染敗血症，醫生會根據感染的部位做相對的治療。另外醫生會根據病人臨床病徵提供支援性治療，如果出現血壓過低，便安排靜脈輸液、注射強心藥物；無力呼吸則需使用氧氣、呼吸器，以對症下藥，助病者脫離危困。

Part 10

正所謂「牙痛慘過大病」，小朋友患上牙病，
會影響日常生活作息。本章列出多種牙患問題，
例如門牙開咬、倒及牙、牙髓炎、磨牙等，
都是小朋友常見問題，父母要好好一讀啊！

門牙開咬
及早戒奶嘴

孩子的上下門牙沒法閉合，是怎麼一回事？牙科醫生表示，不少「門牙開咬」問題，皆源於幼兒階段的壞習慣引起。若然孩子能及早戒掉咬奶嘴、吸吮手指等習慣，以免對上顎顎骨生長造成影響，或可避免他日需要進行牙齒矯正治療。

合上牙齒有縫隙

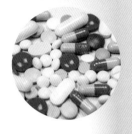

當孩子上下顎牙齒合上時，上顎的門牙碰不到下顎的門牙，這種情況便稱為「門牙開咬」。牙科醫生伍裕彤表示，若然是標準咬合，上顎門牙和下顎門牙的垂直覆蓋約為 2 毫米。因此，當上顎門牙與下顎門牙沒有垂直覆蓋，而且中間有縫隙時，便代表孩子出現門牙開咬問題。

呈不同特徵

如出現門牙開咬問題，亦有機會呈現出不同類型的表徵。「骨性開咬」源於病人的顎骨生長情況而造成，影響的範圍通常較大，除了上下顎的前牙互相碰不到之外，可能連小臼齒及大臼齒也碰不到。患者的臉部下方大多較長，下巴也可能稍為向後縮，而且嘴唇不能輕鬆閉合。「齒性開咬」的特徵通常限於牙齒，例如門牙往前傾斜，前牙沒有完全萌發所以露齒量也比較少，亦即說話時不太會看到他的門牙。開咬的範圍只有前牙（門牙、側門牙、犬齒），對臉型不會有太大的影響。

不良習慣所致

除了因為顎骨生長型態、唇裂和腭裂等先天因素而外，幼年期間的環境因素，也有機會造成門牙開咬。伍醫生表示，幼兒如長期吸吮手指、奶嘴或咬筆等其他異物，會對兩邊面頰及舌頭的位置造成影響，導致上顎顎骨生長受影響，間接引起門牙開咬的問題。另外，一些不正常的舌頭活動習慣，例如經常利用舌頭舔門牙，亦會導致門牙更傾向外生長。伍醫生續指，有些幼兒如患上呼吸道阻塞，例如鼻敏感或鼻塞，他們或會不自覺習慣用口呼吸。但是，這種習慣卻會影響四周軟組織生長，使顎骨生長受影響，同時增加前牙開咬的傾向。

或影響社交

由於患者的門牙和犬齒不能接觸，便無法有效率地發揮門牙和犬齒最重要的功能，也就是切斷以及撕裂食物，令幼兒難以如常進食。牙齒之間的縫隙既不美觀，幼兒說話時更有機會噴口水，或會對他們的社交發展造成困擾。

倒及牙

真偽好易分

　　父母很緊張小朋友出牙，尤其長出的是乳齒，擔心口腔空間位置不足，導致牙齒因不夠位生，而導致牙齒不整齊。有時看見子女的面像「下巴兜兜，晚年無憂」，誰知可能長出倒及牙。不過，大家不用太擔心，香港只有 14% 的人會長出倒及牙，只要透過適當的治療，問題即可改善。

影響無法咬食物

　　若患有倒及牙，孩童將會因為上下門牙互相碰撞而無法咬斷食物，更需要用後排牙齒出力咬扯食物，才能吞嚥，令牙齒出現磨蝕情況；在發音方便，會影響 3 至 4 歲的孩童學習發音，常出現説話發音不正確的情況，對他們學習及社交都有影響。此外，由於他們經常使用後排牙齒咀嚼東西，久而久之，也會出現蛀牙、牙周病及口部不能合上等問題。

真假倒及牙易分

　　若家長認為子女有倒及牙，可以先自行作檢查，先讓孩子張開口，讓舌頭向後捲至最後，並合上牙齒，若發現下門牙齒包裹上門牙齒，即代表幼童有倒及牙。此時，家長最重要是觀察孩子下顎有沒有「下巴兜兜」的現象：如有，便須注意有沒有繼續向外前生的現象，如沒有的話屬「假倒及牙」；如有的話，這便是「真倒及牙」，家長可盡早帶孩子到診所進行檢查，讓醫生確認倒及牙的種類。若孩童患有「真倒及牙」，需要年年照 X 光以確認生長情況，及跟進治療。

倒及牙的種類

　　一般來説，倒及牙可分三類：

❶ **顎骨性倒及牙**：下顎牙骨較長及前生，讓患者從側面看來，下巴較兜，有俗稱「鞋揪面」的情況。

❷ **牙齒性倒及牙**：下顎牙骨生長較好，只是在牙齒咬合時，下顎牙齒較上顎為突出。

❸ **假倒及牙**：基本上，沒有出現下顎牙骨與牙顎牙齒咬合問題，只是因有門牙脱落，而出現倒及牙情況。

護理方式

　　預防勝於治療，不讓孩子吮奶嘴及吮手指，便可減少長出來的牙齒不整齊的機會。當然，小朋友又豈能捨棄這些習慣？當家長發現孩童牙齒不齊情況，應盡早幫孩子減少或戒掉吮手指、奶嘴的次數，然後，指導孩子多做口部運動，如嘴唇訓練等。此外，提醒孩子多用鼻呼吸，代替口呼吸，減少下顎長期張開，引致發育不良等問題。

牙髓炎
影響日常作息

兒童和成人都有機會患上牙髓炎，區別在於成人的牙髓炎發生在恆齒，小朋友則有機會發生在乳齒或恆齒。當牙齒長出，會受外間影響如蛀牙、意外受傷等就有機會患上牙髓炎，小至兩歲也有機會患上牙髓炎。

牙齒結構

牙齒由外至內分為三層組織，最外層是人體最堅硬的組織琺瑯質，讓牙齒有堅硬外殼進行咀嚼。第二層是象牙質，顏色如象牙帶黃，硬度不及琺瑯質，可將外間刺激傳到牙髓的神經。最裏面是軟組織牙根，學名牙髓，包含神經線、血管。

甚麼是牙髓炎

受到蛀牙、撞擊、折斷的影響，令象牙質外露甚至牙髓外露，形成發炎症狀。

可由慢性轉做急性

牙髓炎可分為慢性牙髓炎和急性牙髓炎。慢性牙髓炎的疼痛感相對不劇烈，多受蛀牙影響；若蛀牙情況接近牙髓時有機會由慢性轉做急性牙髓炎。急性牙髓炎的發炎、痛楚快而強烈，除蛀牙外也可能由創傷造成。

牙髓炎的徵狀

牙齒受冷、熱刺激會有疼痛感，情況嚴重時無法進食，一旦形成牙瘡，睡眠也受到影響，且有機會因細菌感染而發燒。

如何確診

醫生會了解患者病歷、牙痛的程度，是否影響進食、睡眠。通過觀察是否有明顯牙洞，會否因創傷令牙齒斷裂或者牙神經線外露。通過 X 光檢查，進一步了解成因。

乳齒、恆齒有不同治療方案

如牙髓炎令牙髓壞死，對於乳齒和恆齒有不同治療方法。

乳齒有牙髓炎令牙髓壞死，一般有兩個治療方案：一為局部牙髓切除術。局部移除牙髓手術是小朋友患者中常用的方案，移除壞死部份，再用藥讓沒有受感染的牙髓維持生命，之後再補藥粉並加上牙套，令乳牙維持功用直至脫落。另一治療方案為全部牙髓切除術。當發炎情況嚴重已到牙腳尖，根管也受感染，需以特別工具針戳通過牙髓根管的入口通至牙腳尖，清除所有根管。

張口呼吸
影響顎骨發育

兒童張口呼吸會帶來一連串影響，包括顎骨發育不健全，導致哨牙、牙齒排列不齊整，也有機會影響睡眠質素，可導致睡眠窒息。香港兒童齒科學會主席區雄安醫生提醒，家長若發現孩子經常用口呼吸，應盡快帶子女求醫。

口呼吸的成因

　　兒童張口呼吸主要有兩個原因，一為阻塞性，二為習慣性。

　　第一，阻塞性張口呼吸。小朋友鼻呼吸受阻，會用口呼吸代替鼻呼吸。從鼻到氣管的每個位置，都可能出現阻礙用鼻呼吸的生理組織，如鼻瘡、鼻敏感、扁桃體和腺樣體增大、氣管收窄、氣管敏感等問題，都容易增加兒童阻塞性張口呼吸的機會。

　　第二，習慣性張口呼吸。把造成阻塞性張口呼吸的因素去除後，兒童仍然習慣張口呼吸。

影響外觀及睡眠質素

　　口呼吸帶來的一連串影響包括顎骨發育不健全、上顎收窄，導致哨牙、牙齒排列不齊整等情況。張口呼吸的孩子通常也會出現黑眼圈，體態方面易有彎腰寒背的問題。

　　張口呼吸會影響睡眠質素，也與睡眠時大腦能否正常吸入足夠氧氣有關。若睡覺期間腦部缺乏足夠氧氣，可能導致睡眠窒息。睡眠窒息帶來很多不利成長的問題，包括專注力、記憶力下降。亦有研究顯示，睡眠窒息與輕微的過度活躍有關。睡眠窒息問題宜及早處理，否則問題會帶至成年甚至老年，成人的睡眠窒息與高血壓的問題會互為影響。

家長從生活中觀察

　　通過日常生活中的觀察，家長可了解子女是否有機會存在口呼吸的問題。區醫生建議，家長可在兒童熟睡時觀察：用眼看、用耳聽，用手指探。

- 用眼看，看兒童睡覺時會否張口呼吸。張口呼吸也讓孩子們易醒，常輾轉反側。
- 用耳聽，孩子睡覺時是否有鼻鼾聲、呼吸聲是否很重，以及氣從鼻出、口出、還是兩種情況同時存在。
- 用手指探，探一下氣從哪裏出。

　　另外，當孩子集中注意力進行各項活動如看書、打機時，如經常張着口，他們張口呼吸的機會也很大。如家長觀察到以上情況，建議盡快帶子女求醫。

磨牙
與神經系統有關

磨牙的問題在小朋友之間十分常見，有時甚至在大人身上都會出現。磨牙通常伴隨着很大的聲音，影響小朋友的睡眠質素，更可能會磨短小朋友的牙齒。要如何改善問題？又可以怎樣預防磨牙的問題呢？以下由陳思昕牙科醫生為我們深入分析。

牙齒可能磨剩一半

除了會影響睡眠質素外，磨牙對牙齒本身也會帶來不少負面影響。陳思昕醫生表示小朋友在晚間磨牙會令牙齒碰撞，有時會持續超過 20 分鐘。大多數的磨牙方向是破壞力比較大的橫向式磨擦，故此對牙齒的傷害性是難以想像。小朋友不自主地咬合和磨牙齒，會令牙齒越磨越短。嚴重的情況下可以令牙齒鬆動、牙齒只磨剩一半，甚至是入侵到牙齒神經線血管等組織。因此，如果發現小朋友有磨牙的情況，家長千萬不可輕視。

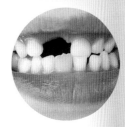

牙齒會明顯變短

磨牙問題可以為小朋友帶來不少負面影響，那麼家長又可以如何及早發現？有甚麼明顯的徵狀嗎？陳思昕醫生表示除了睡覺時有磨牙的刺耳聲音，家長仔細觀察亦可以發現，小朋友如果有磨牙的習慣，他的牙齒會明顯變短，此外也會有牙齒容易敏感等狀況。如有懷疑可以帶小朋友到牙醫診所檢查，了解有否磨牙的問題。

訂製牙套 調節睡眠環境

要改善磨牙的問題，陳思昕醫生表示對成人來說，一般最簡單的處理方法是度身訂製護牙套供晚上佩戴，作用就好像戴頭盔一樣，避免牙齒繼續磨蝕。但是，不是所有小朋友都適用這個方法。一來小朋友未必能夠適應口中有異物的情況下睡覺，二來磨牙的情況會隨着年紀增長而有所改善。如果發現孩子有磨牙問題，且嚴重影響睡眠質素，建議還是盡快諮詢牙醫意見，因為琺瑯質一旦被磨蝕就不能恢復。

成因：神經系統未發育成熟

為何孩子會出現磨牙的現象？與心理問題有關嗎？陳思昕醫生表示這與小朋友的神經系統有關。「磨牙」指的是於睡眠時段不自主地咬合和磨牙齒，6 歲以下的孩子磨牙很普遍，這是由於嬰幼兒的神經系統在 4 歲左右才會漸趨成熟，因此在發育不穩定的時期便容易出現磨牙的狀況，影響睡眠。

暴牙

需做牙齒矯正術

　　部份孩子會有暴牙的問題，有暴牙不只對外觀會有影響，在日常生活中，如果不小心跌倒，突出來的牙齒也很容易會受傷。那麼如果孩子有暴牙，家長可如何改善這問題？是否一定需要牙齒矯正？以下由牙科醫生為我們作分析。

跌倒牙齒易受傷

　　暴牙會為小朋友的生活帶來甚麼影響？陳醫生表示，暴牙會導致牙齒清潔困難，從而增加蛀牙的機會。而通常暴牙的牙齒在咬合及外觀上，也有相對性的影響，如果牙齒在比較前哨的位置，在意外跌倒或撞到時，也是第一隻會容易跌斷或受傷的牙齒。

3 種後天因素 致排列不正

　　小朋友牙齒排列不正、出現暴牙或是咬合不正，有一部份是遺傳因素，另外亦有後天因素。陳思昕醫生表示，後天因素包括以下 3 項：

❶ 長期用口呼吸：這會影響孩子的面部骨骼發育。

❷ 吮手指或吸奶嘴：會導致前牙開合，即門牙不能合上咀嚼、哨牙及面形變長等。

❸ 習慣將下顎移前：有機會造成倒及牙的情況。

從生活習慣入手

　　家長應留意小朋友日常的生活習慣，會對小朋友各方面的發育也有正面幫助。但陳醫生表示，如果屬於家族性遺傳的暴牙，則較難預防。最好的處理方法就是從小開始定期帶小朋友到牙醫診所檢查，醫生會為每個不同的個案提供有用的意見。陳醫生建議家長如可及早發現小朋友有上述一些影響牙齒及顎骨生長發育的壞習慣，就應開始正視，並嘗試幫小朋友戒掉習慣。只要習慣如咬手指、食手指及用口呼吸等可盡早改掉，小朋友的面形口腔發育均可以改善，或有機會可逆轉。

需要牙齒矯正

　　牙齒的排列位置，一般於換牙完成便開始穩定，陳醫生表示要改善孩子的暴牙情況，需要牙齒移動或顎骨的調整，要進行牙齒矯正才能處理得到。一般情況下，牙醫會建議先作出初步牙齒檢查及諮詢，評估小朋友適合開始療程的時間，包括某些嚴重哨牙的情況，可能有機會已經在早期所有恆齒未發育完成前開始才得以矯正。

多生齒
阻礙恆齒生長

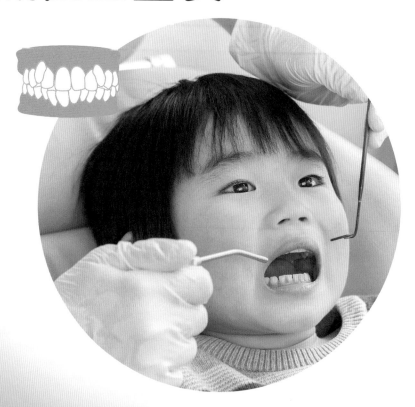

多生齒問題看似十分罕見，事實上許多孩子身上都會出現。牙醫認為要視乎牙齒生長的方向，多生齒不一定會帶來負面影響。多生齒較難察覺，要有效地找出牙齒有沒有問題，需要X光的幫助，以下由牙科醫生為我們作分析。

不屬於正常齒列

陳思昕醫生表示，多生齒是異常發育下多出的牙齒，不屬於正常齒列，大概一百個人裏面，便會有幾個人有多生齒。如果多生齒能以正常的方向及角度長出，又可以清潔乾淨，那麼將不會為小朋友帶來太大影響。可是如果多生齒生長的位置偏離正常齒列，則有機會導致清潔困難、影響咬合、增加蛀牙或牙周病的機會等問題。

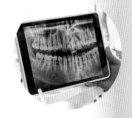

惟有靠 X 光發現

多生齒的出現不按牌理出牌，除了形狀位置多變，它們的生長方向亦沒有規律，可能會正常生長出來，或朝完全相反的方向生長，或整顆牙藏在頜骨內，因此家長較難自行發現。陳醫生表示，最有效能夠發現多生齒的方法就是拍攝牙科 X 光，在 X 光下可清楚看到萌出與在顎骨裏牙齒的數量，所以各位爸爸媽媽應定期帶孩子去做牙科檢查。

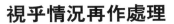

視乎情況再作處理

如果多生齒的生長方向會為小朋友帶來一些問題，那麼就應該考慮拔掉。至於埋在牙骨裏還沒有長出來的多生齒，如果阻礙正常恆齒的生長、使附近的牙齒牙腳吸收，或包裹多生齒的牙囊出現病變形成牙囊腫，也是有拔除的必要。陳醫生表示，一般醫生需要先評估多生齒準確的位置，以及對鄰近的牙齒牙腳有否負面影響，再決定是否需要用手術取出，有時只要簡單拔牙就可以處理。如果真的需要利用手術移除，牙醫會視乎小朋友的性格和狀態，去決定如何為他們麻醉。牙醫會考慮到小朋友能不能和醫生合作，冷靜地接受一個比較長時間的手術，如果小朋友無法冷靜可能會在監察麻醉、小朋友睡着的狀態下完成。

阻礙恆齒生長

多生齒並不能預防，因為它們是屬於發育異常或基因遺傳的問題。陳醫生表示，多生齒可能會阻礙恆齒的生長，它們有機會藏在頜骨內，也可能令顎骨的空間不足，這些情況下都有可能阻礙恆齒的生長。另外，如果多生齒直接壓在其他恆齒的牙腳，有機會影響該牙腳的發育，甚至引致牙腳收縮而需要拔掉。所以定期做牙科檢查，對小朋友非常重要。

乳齒蛀牙
不用理會？

蛀牙是小朋友常見的問題，為了保護他們的牙齒，許多家長都會限制孩子吃糖果的時間，也會減少他們吃零食的次數。到底如何才能有效預防蛀牙？以下由牙科醫生為家長講解孩子蛀牙成因，以及預防蛀牙的小貼士。

如何從外觀察覺？

陳思昕醫生表示，要及早根治蛀牙，首先要找出問題所在。孩子患上蛀牙會有甚麼特徵，家長可如何從外觀察覺？陳醫生指出，蛀壞部份可能會發出異味，一般的潔牙方式已無法把卡在蛀牙洞裏面的東西清潔乾淨，所以容易產生不好的氣味導致口臭，而牙縫的蛀牙是最難察覺的。她建議家長可留意以下 3 方面：

❶ 個別牙齒局部發黑。

❷ 看牙齒是否有缺損，形成牙洞。

❸ 冷熱酸甜刺激引發牙疼。

4 大防蛀牙小貼士

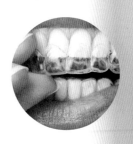

要有效預防蛀牙，陳醫生表示最重要是維持良好口腔衛生，以減低細菌及食物殘渣的積聚。此外，她也提供了以下 4 個小貼士，讓家長能更有效的預防蛀牙：

❶ **減少有糖份食物的吃喝次數：**唾液有中和酸素的作用，能夠減慢礦物質的持續流失，如吃喝次數頻密，唾液就不能有效發揮作用，細菌在口腔中持續分解食物中的糖份，不斷產生酸，牙齒表面的礦物質就會持續流失形成蛀牙。進食或飲用仕何含糖份的食品後，建議都要用清水漱口。

❷ **用含氟化物牙膏：**氟化物可鞏固牙齒，使牙齒不易受酸素侵襲，亦有助把流失的礦物質重新補充回牙齒，使初期蛀牙得以修復。因此，每天早上起床及晚上睡前，孩子應用含氟化物的牙膏刷牙。

❸ **以牙紋防蛀劑填補牙齒的坑紋：**牙紋防蛀劑可阻隔紋溝內牙菌膜中的細菌與食物的糖份接觸，從而減少蛀牙的機會。

❹ **定期牙科檢查：**檢查時，牙醫會塗抹高濃度的氟化物，氟化物滲進牙齒內，能預防蛀牙或紓緩牙齒敏感。

蛀牙的成因

形成蛀牙的因素，可歸結為下列四項：牙齒、食物、細菌及時間。當食物附着於牙齒上，牙菌膜中的細菌會進行分解作用，細菌在口腔中分解食物中的糖份，產生了酸。而酸能夠慢慢地溶解牙齒的鈣質，導致牙齒組織的礦物質流失而形成蛀牙。

瘡牙肉

明顯腫脹

　　牙瘡是非常嚴重的牙齒問題，很多時候都是牙齒不太健康時才會出現。患上牙瘡會令小朋友感到非常疼痛，影響他們的食慾、日常生活及睡眠質素。要預防牙瘡，究竟有甚麼方法？以下由牙科醫生為我們深入分析。

牙瘡 3 大成因

牙瘡不管是聽起來還是看起來都非常嚴重，到底為甚麼小朋友會出現牙瘡問題？與蛀牙有關嗎？陳思昕醫生表示以下 3 種為牙瘡的主要成因：

❶ 牙髓受感染：由於牙髓受感染，令細菌積聚發炎，並由根尖發炎擴散至附近的牙周組織，積聚膿液，形成牙瘡。

❷ 蛀牙：如果小朋友的蛀牙情況十分嚴重，沒有妥善治療，蛀牙深至牙神經，也可導致牙根發炎，形成牙瘡。

❸ 牙根受創：如果牙根受創也有機會令牙神經壞死，出現牙瘡。通常是在猛烈的撞擊或是外力的影響下導致。

難以咀嚼 影響睡眠質素

牙瘡除了會影響外觀之外，還會對小朋友造成甚麼影響？陳醫生表示出現牙瘡往往伴隨牙痛和牙肉痛，這些痛症可能會令小朋友難以咀嚼，影響他們的睡眠質素，細菌甚至會傳染到鄰近的牙齒上，令問題越趨嚴重。如果小朋友已經患上牙瘡，牙肉會明顯的腫脹，觸碰到相關位置時甚至會有膿液流出。

根管治療 清除受感染牙髓

牙瘡對孩子的日常生活有很大影響，要紓緩徵狀，醫生會採用放膿及藥物兩種方式為牙瘡患者紓緩徵狀。可是即使放膿及使用藥物，問題仍未從根本解決，牙瘡不會完全消除。患者獲得紓緩徵狀後，仍有機會反反覆覆地出現牙瘡，要治療牙瘡必須要向牙醫求助。陳醫生表示患有牙瘡的病人求診時，牙醫會先找出有問題的牙齒，並為牙齒進行根管治療，清除受感染的牙髓，然後套上牙套來保護牙齒。如果牙齒結構破損得過於嚴重，則可能需要把牙齒拔除。

保持牙齒健康 牙瘡絕跡

陳醫生表示預防蛀牙就是預防牙瘡的最佳方法，基本上牙齒健康，或是蛀牙不深，就不會引起牙髓發炎，更不會出現牙瘡。要預防蛀牙，日常的牙齒護理中，爸爸媽媽就要多下一點功夫。小朋友除了每天要使用牙刷刷牙之外，也要配合牙線清潔。

牙齒變黑
非刷牙可改善

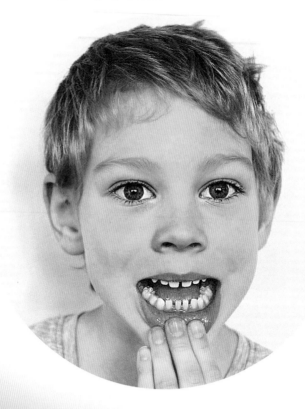

　　擁有一口健康的好牙齒，對孩子來説是非常重要的，家長很多時會發現小朋友牙齒變黑了，究竟是甚麼原因呢？最常見的分別是蛀牙、色素沉澱、撞傷造成的牙齒變色，這3個狀況都不是單靠刷牙便能輕易改善，應該請牙科醫生檢查及處理，才能得到真正的改善。

每 3 個月專業潔牙

蛀牙是這 3 個原因之中最常見的狀況，牙科醫生楊連傑表示，牙齒除了可能變黑、變黃之外，表面可能還會有凹陷。通常牙科醫生經目測及拍攝 X 光片去判斷蛀牙的嚴重程度。牙醫會為淺層蛀牙的位置進行專業潔牙，清潔乾淨牙齒表面，然後配合定期塗上高濃度氟素膠，令牙齒表面再礦化，讓原本蛀牙的地方有機會復原，建議每 3 個月由牙醫進行專業潔牙。若蛀牙屬較深層、已經蛀入象牙質的話，則需要補牙甚至進行牙根管治療，因此發現有蛀牙，就要盡快到找牙科醫生處理了。楊醫生表示，預防勝於治療，有良好的飲食習慣及正確的刷牙方法，對於預防止蛀牙是非常重要的。

牙齒色素沉澱

楊醫生指出，另一個導致牙齒變黑的原因是牙齒色素沉澱，若發現幼兒的牙齒在牙齦處有一圈黑黑的色素圍住，色素沉澱可能是因為外在的原因，導致有一些黑色素卡在牙齒上面，牙齒表面上是光滑的，而不會像蛀牙一樣表面凹洞的感覺。他表示，色素沉澱有原因：

❶ 常進食深色食物

一些色素沉着濃密的食物，例如茶、某些蔬菜水果 (藍莓、覆盆子、黑莓、甜菜和中草藥)，由於含豐富兒茶酚、花青素等，長期食用可能會引起牙面變色。體外實驗發現乳鐵蛋白、鐵離子和單寧酸的混合物，可以在牙面上形成色素沉着。含有鐵的嬰兒藥物，如補充維生素，也可能會在嬰兒牙齒上留下污漬。

❷ 細菌產生黑色素

口腔內某些特定的細菌，例如放線菌 (Actinomyces) 會產生硫化氫的物質，它與口水裏的鐵質會結合而產生黑色的硫化鐵產物，如果這硫化鐵附着在牙菌斑上而沉積下來，便會令牙齒表面看起來黑黑的。其實這牙齒表面的黑色物質並不是蛀牙，它只是牙菌斑上沉積的硫化鐵，只會影響牙齒的美觀。

楊醫生解釋，這些硫化鐵的黑色物質很難藉着刷牙去除，但牙科醫生可以靠洗牙機和去漬膏拋光潔牙的方式去除牙漬。但因為口腔內的放線菌無法徹底消除，牙漬數個月之後還是會慢慢回復。

牙齒撞傷變深色

一根深色牙齒可能是由於牙齒創傷導致牙齒內出血的結果，因乳齒外傷常會造成牙齒變色，一般在外傷後 1 至 3 星期時，可能會有黃、粉紅或黑灰色的改變，通常黃色代表乳牙的牙髓組織因外傷而提早有鈣化現象，可在 X 光片上顯現，但這種變化既不影響乳齒正常脫落，也不會影響恆齒的正常萌發，所以不需治療。而粉紅色的變化顯示牙齒局部的血管組織受損，一般在 1 至 3 星期後會恢復原狀。但當刁齒有牙齦內部吸收的現象時，也會有這種粉紅的變色情形，此時就可能要拔除。

找牙科醫檢查

若家長發現孩子的牙齒有變黑的狀況，就要找牙科醫檢查一下，牙科醫生會對導致牙齒變黑的原因作出適當的處理，讓孩子回復燦爛健康的笑容。